Entwicklung neuer Ansätze zum nachhaltigen Planen und Bauen

Reihe herausgegeben von

Markus Koschlik, Meiningen, Deutschland

Deutschland hat sich zum Ziel gesetzt, den Gebäudebestand, der durch Herstellung und Nutzung für einen erheblichen Anteil der Treibhausgasemissionen verantwortlich ist, bis zur Mitte des 21. Jahrhunderts nahezu klimaneutral zu gestalten. Darüber hinaus erfordern der schonende Umgang mit Ressourcen, der Übergang zu einer Circular Economy sowie die konsequente Verankerung der Prinzipien Effizienz, Konsistenz und Suffizienz ein grundlegendes Umdenken beim Planen, Errichten, Nutzen und Rückbauen unserer gebauten Umwelt.

Zentrale Projektentscheidungen werden jedoch nach wie vor häufig primär auf Basis kurzfristiger ökonomischer Kennwerte, insbesondere der Herstellkosten, getroffen. Dabei zeigt sich, dass das in der Errichtung günstigste Bauwerk über den gesamten Lebenszyklus hinweg selten das wirtschaftlichste und noch seltener das nachhaltigste ist. Umso wichtiger ist es, alle Akteure des Bauwesens dafür zu sensibilisieren, Nachhaltigkeit nicht nur zu dokumentieren, sondern sie systematisch als Entscheidungsgrundlage in Planungs, Bau und Nutzungsprozessen zu verankern.

Die Buchreihe versammelt Arbeiten, die im Rahmen des dualen Studiums an der Dualen Hochschule Baden-Württemberg (DHBW) entstanden sind. Sie folgen einer fundierten wissenschaftlichen Methodik und greifen zugleich konkrete Fragestellungen aus der beruflichen Praxis auf. Durch diese enge Verzahnung entstehen belastbare und anwendungsnahe Erkenntnisse, die sowohl zur fachlichen Weiterentwicklung als auch zur Transformation des Bauwesens hin zu einer langfristig nachhaltigen Bauwirtschaft beitragen.

Herausgeber der Reihe ist Markus Koschlik, Professor für Bauingenieurwesen an der Dualen Hochschule Baden-Württemberg Mosbach. Zu seinen Lehrinhalten zählen unter anderem nachhaltiges Bauen, Projektmanagement und Baubetrieb. In Lehre, Forschung und Praxis befasst er sich mit der Entwicklung und Anwendung fundierter Methoden für Planungs, Bau und Entscheidungsprozesse unter besonderer Berücksichtigung von Nachhaltigkeitsaspekten.

Hüseyin Kizil

Construction Management im Hochbau

Eine Alternative zu klassischen Projektrealisierungsmodellen

Springer Vieweg

Hüseyin Kizil
Frankfurt am Main, Deutschland

ISSN 2948-1007 ISSN 2948-1015 (electronic)
Entwicklung neuer Ansätze zum nachhaltigen Planen und Bauen
ISBN 978-3-658-51389-4 ISBN 978-3-658-51390-0 (eBook)
https://doi.org/10.1007/978-3-658-51390-0

Das eingereichte Manuskript wurde ins Deutsche übersetzt. Die Übersetzung wurde mit künstlicher Intelligenz erstellt. Um eine hohe Qualität der Übersetzung zu gewährleisten, wurde sie anschließend von den Autor*innen inhaltlich geprüft und ggf. überarbeitet. In stilistischer Hinsicht kann sie sich dennoch von einer herkömmlichen Übersetzung unterscheiden.

Die Deutsche Nationalbibliothek verzeichnet diese Publikation in der Deutschen Nationalbibliografie; detaillierte bibliografische Daten sind im Internet über https://portal.dnb.de abrufbar.

Planung/Lektorat: Ralf Harms
Springer Vieweg ist ein Imprint der eingetragenen Gesellschaft Springer Fachmedien Wiesbaden GmbH und ist ein Teil von Springer Nature.
Die Anschrift der Gesellschaft ist: Abraham-Lincoln-Str. 46, 65189 Wiesbaden, Germany

Vorwort

Die Bauwirtschaft befindet sich inmitten eines tiefgreifenden Wandels – ein Wandel, der angesichts der drängenden gesellschaftlichen Herausforderungen unumgänglich ist. Studien zeigen, dass etwa 40 % aller CO_2-Emissionen in Deutschland auf die Herstellung, Errichtung, Modernisierung und Nutzung von Wohn- und Nichtwohngebäuden entfallen. Hinzu kommt, dass die Bauwirtschaft branchenübergreifend die meisten Rohstoffe verbraucht und mit über 50 % den größten Anteil am Abfallaufkommen verursacht. Zudem führt die Erschließung neuer Siedlungs- und Verkehrsflächen täglich zu einem Flächenverbrauch von über 50 ha. Diese Zahlen verdeutlichen: Die Bauwirtschaft trägt eine besondere Verantwortung, ihre Prozesse und Produkte nachhaltig zu transformieren.

Mit der Reihe **„Entwicklung neuer Ansätze zum nachhaltigen Planen und Bauen"** soll diese notwendige Transformation unterstützt werden. Sie bietet Raum für innovative Ideen, Konzepte und Methoden, die von Studierenden der **Dualen Hochschule Baden-Württemberg (DHBW) Mosbach** entwickelt wurden. Dank des dualen Studienmodells verfügen die Autoren bereits während ihrer Studienzeit nicht nur über fundiertes theoretisches Wissen, sondern auch über mehrjährige berufliche Praxiserfahrung in Unternehmen und öffentlichen Verwaltungen. Die vorgestellten Arbeiten sind daher nicht nur theoretisch fundiert, sondern auch hoch praxisrelevant und direkt anwendbar. Ein besonderer Fokus der Reihe liegt auf nachhaltigem Planen und Bauen in all seinen Facetten. Sie betrachtet sämtliche Lebenszyklusphasen von Gebäuden – von der frühen Projektentwicklung über die Bauphase und Nutzung bis hin zum Rückbau sowie der Wiederverwendung, Verwertung oder Entsorgung von Materialien. Dabei werden immer wieder Schnittstellen zu angrenzenden Fachbereichen wie Projektmanagement, Lean Construction oder Building Information Modeling (BIM) aufgegriffen. Ziel ist es, einen fundierten und praxisorientierten Beitrag zur Gestaltung einer zukunftsfähigen Bauwirtschaft zu leisten.

Im Mittelpunkt dieses Bandes steht die Bachelorarbeit von **Hüseyin Kizil,** die sich der Weiterentwicklung organisatorischer und managementbezogener Strukturen im Hochbau widmet. Die Arbeit beeindruckt durch einen hohen Anspruch: Sie entwickelt ein eigenständiges modulares Leistungsbild des Construction Managements und verknüpft dieses mit etablierten Systematiken wie der AHO sowie modernen Ansätzen aus Lean, BIM und integrierten Projektmodellen. Damit leistet sie einen wertvollen Beitrag zur

Weiterentwicklung zeitgemäßer Projektrealisierungsmodelle und zur Professionalisierung bauorganisatorischer Prozesse.

Besonders hervorzuheben ist die gelungene Verbindung aus fundierter Literaturarbeit, methodischer Modellbildung und praxisorientierter Konzeption. Die strukturiert ausgearbeiteten Module, die klare Systematik und das integrierte Reifegradmodell zeigen ein tiefes Verständnis für die komplexen Anforderungen moderner Bauprojekte. Die leitfadengestützten Experteninterviews ergänzen die theoretische Entwicklung sinnvoll und stärken die Praxisnähe der Arbeit. Insgesamt entsteht ein durchdachtes, eigenständiges und zukunftsorientiertes Konzept, das sowohl wissenschaftlich fundiert als auch für Unternehmen und Projektverantwortliche unmittelbar anschlussfähig ist.

Durch den gelungenen Transfer zwischen Theorie und Praxis liefert die Arbeit einen wichtigen Impuls für die Weiterentwicklung des Construction Managements im deutschen Hochbau und bereichert diese Buchreihe in besonderer Weise.

16.11.2025 Markus Koschlik

Competing Interests Der/die Autor*in hat keine relevanten Interessenskonflikte im Zusammenhang mit dieser Publikation.

Inhaltsverzeichnis

Einleitung 1

1.1 Problemstellung und Ausgangssituation

Die Realisierung von Hochbauprojekten in Deutschland sieht sich mit persistenten und vielschichtigen Herausforderungen konfrontiert, welche die traditionellen Vorgehensweisen der Branche zunehmend an ihre systemischen Grenzen führen. Während die Produktivität in der Bauwirtschaft über die letzten zwei Jahrzehnte international nur um rund ein Prozent jährlich wuchs und damit signifikant hinter der gesamtwirtschaftlichen Entwicklung sowie insbesondere der des produzierenden Gewerbes zurückblieb, gehören signifikante Zeit- und Kostenüberschreitungen nach wie vor zu den prägenden Merkmalen zahlreicher Bauvorhaben [1; 2]. Diese Problematik, die durch einen sich stetig verschärfenden Fachkräftemangel zusätzlich an Brisanz gewinnt, wurzelt tief in der fundamentalen Natur der Bauindustrie. Im Gegensatz zur hochgradig standardisierten Fertigungsindustrie ist der Bausektor durch die Produktion von Unikaten an wechselnden Standorten gekennzeichnet, was jeden Auftrag zu einem singulären Projekt mit individuellen Rahmenbedingungen macht [3; 4]. Die steigende Komplexität, die aus neuen technischen Anforderungen, der Notwendigkeit nachhaltiger Bauweisen und der fortschreitenden Digitalisierung erwächst, erhöht den Planungs- und Koordinationsaufwand zusätzlich und stellt die etablierten Managementprozesse auf eine harte Probe.

Verschärft wird diese projektbezogene Einzigartigkeit durch eine ausgeprägte Fragmentierung des Marktes, der von einer Vielzahl kleiner und mittlerer Unternehmen sowie einem komplexen Netzwerk aus Subunternehmern, Lieferanten und Fachplanern dominiert wird [5; 6]. Eine derartige arbeitsteilige Struktur führt unweigerlich zu einer Vielzahl von Schnittstellen, deren mangelhafte Koordination als eine der Hauptursachen für Informationsverluste, Reibungsverluste und letztlich für die Gefährdung der übergeordneten Projektziele in Bezug auf Kosten, Termine und Qualität gilt [7; 8].

H. Kizil, *Construction Management im Hochbau*, Entwicklung neuer Ansätze zum nachhaltigen Planen und Bauen, https://doi.org/10.1007/978-3-658-51390-0_1

Das Management dieser komplexen Schnittstellen und die integrierte Steuerung der ressourcengetriebenen Prozesse über den gesamten Projektlebenszyklus hinweg stellen somit die zentrale Herausforderung für eine erfolgreiche Projektabwicklung dar. Ohne einen spezialisierten und ganzheitlichen Managementansatz, der diese branchenspezifischen Charakteristika systematisch adressiert, drohen die Potenziale zur Effizienzsteigerung ungenutzt zu bleiben und die Risiken für alle Beteiligten unkontrollierbar zu werden. Die Notwendigkeit einer übergeordneten Steuerungsinstanz, die in der Lage ist, die disparaten Akteure zu orchestrieren und die komplexen Abläufe zu synchronisieren, ergibt sich somit folgerichtig aus der ureigenen Verfasstheit der Bauwirtschaft.

Im deutschen Rechts- und Kulturraum wird die Strukturierung von Planungs- und Bauleistungen maßgeblich durch die in der Honorarordnung für Architekten und Ingenieure (HOAI) verankerte und durch die Leistungsbilder des Ausschusses der Verbände und Kammern der Ingenieure und Architekten für die Honorarordnung e. V. (AHO) ergänzte Gliederung in Leistungsphasen geprägt [9; 10]. Dieses normativ fundierte System schafft zwar eine transparente und rechtlich belastbare Grundlage für die Vergabe und Abrechnung von Leistungen, erweist sich in der Praxis jedoch zunehmend als strukturelles Hemmnis für die Implementierung moderner, integrativer Managementmethoden. Die strikte Trennung der Leistungsphasen fördert ein sequenzielles Vorgehen und ein tief verwurzeltes Silodenken, das eine frühzeitige Einbindung von entscheidender Ausführungsexpertise systematisch erschwert und kollaborative Ansätze wie die Integrierte Projektabwicklung (IPA) bereits im Ansatz konterkariert [11; 12]. Diese inhärente Rigidität des etablierten Ordnungsrahmens steht somit in einem wachsenden Widerspruch zu den dynamischen Anforderungen komplexer Bauvorhaben und begrenzt das Potenzial für jene Prozessoptimierungen, die für eine zukunftsfähige und wettbewerbsfähige Projektrealisierung unabdingbar geworden sind.

Diesen nationalen Gegebenheiten steht eine international hochentwickelte Forschungs- und Praxiskultur im Construction Management gegenüber, die maßgeblich von der Diskussion um ganzheitliche, kollaborative Projektabwicklungsmodelle sowie dem Einsatz disruptiver Technologien geprägt ist. Ansätze wie Lean Construction zielen auf die konsequente Minimierung von Verschwendung und die Schaffung eines kontinuierlichen Wertstroms ab, um die Prozesseffizienz fundamental zu steigern [13; 14]. Parallel dazu fungiert Building Information Modeling (BIM) zunehmend als operatives Rückgrat, das durch die Schaffung einer zentralen, digitalen Repräsentation aller relevanten Projektinformationen eine integrierte und transparente Zusammenarbeit über Disziplingrenzen hinweg erst ermöglicht [1; 15]. Diese methodischen und technologischen Entwicklungen bilden die Grundlage für partnerschaftliche Vertrags- und Organisationsformen, die den traditionellen, oft als konfrontativ beschriebenen Projektabwicklungsmodellen einen kooperativen, auf gemeinsamen Zielen und transparenter Kommunikation beruhenden Ansatz entgegensetzen [16; 17]. Der internationale Trend weist somit unverkennbar in Richtung einer stärkeren Integration von Prozessen, Technologien und Akteuren, um der steigenden Projektkomplexität wirksam zu begegnen.

Aus der Gegenüberstellung dieser Entwicklungen ergibt sich eine zentrale Problemstellung für die deutsche Baupraxis: Einerseits existiert die durch den normativen, phasenorientierten und oft starren Rahmen der etablierten Leistungsbilder geprägte deutsche Praxis, die zwar rechtliche Sicherheit bietet, aber Innovationen strukturell hemmt [18; 19]. Andererseits gewinnt die Erkenntnis an Bedeutung, dass nur eine ganzheitliche und kollaborative Steuerung im Sinne eines umfassenden Construction Managements die steigende Komplexität bewältigen und die international demonstrierten Effizienzpotenziale heben kann [20; 21]. Eine einfache Übertragung international bewährter Managementmodelle scheitert jedoch an den spezifischen rechtlichen, vertraglichen und kulturellen Rahmenbedingungen des deutschen Marktes, wodurch die deutsche Bauwirtschaft die Effizienz- und Qualitätssteigerungspotenziale moderner Ansätze nicht vollständig ausschöpfen kann. Hieraus resultiert ein fundamentales Spannungsfeld zwischen bewährter, normativer Sicherheit und dem dringenden Bedarf an Innovation und Anpassungsfähigkeit, das den Ausgangspunkt der vorliegenden Arbeit bildet.

1.2 Herleitung des Forschungsbedarfs

Die deutsche Bauwirtschaft befindet sich in einem permanenten Spannungsfeld, das durch die Konfrontation etablierter, normativ geprägter Abwicklungsstrukturen mit den stetig wachsenden Anforderungen komplexer Bauvorhaben entsteht. Während persistente Herausforderungen wie signifikante Kosten- und Terminüberschreitungen sowie ein gravierender Fachkräftemangel die Projekterfolge systematisch gefährden [1; 2], wird die deutsche Baupraxis weiterhin maßgeblich durch den phasenorientierten und oft als starr empfundenen Ordnungsrahmen der HOAI sowie der darauf aufbauenden Leistungsbilder des AHO strukturiert [9; 18]. Diesen nationalen Gegebenheiten steht eine international hochentwickelte Forschungs- und Praxiskultur im Construction Management (CM) gegenüber, die mittels innovativer, technologiegetriebener und kollaborativer Ansätze versucht, ebenjene systemimmanenten Ineffizienzen zu überwinden [8; 10]. Die daraus resultierende Diskrepanz zwischen der bewährten, aber oft unflexiblen normativen Sicherheit des deutschen Systems und dem dringenden, international demonstrierten Innovationsbedarf zur Steigerung der Projekteffizienz offenbart eine tiefgreifende und mehrdimensionale Forschungslücke, die den Ausgangspunkt der vorliegenden Arbeit bildet.

Eine kritische Analyse des wissenschaftlichen Diskurses offenbart diese Forschungslücke in zweierlei Hinsicht: als Adaptions- und als Applikationsdefizit. Die internationale Forschung ist maßgeblich von der Diskussion um ganzheitliche, kollaborative Projektabwicklungsmodelle wie dem Integrated Project Delivery (IPD) sowie dem Einsatz disruptiver Technologien wie BIM oder künstlicher Intelligenz (KI) geprägt, die jedoch zumeist auf den angloamerikanischen Rechts- und Kulturraum zugeschnitten sind. Eine direkte Übertragung dieser Modelle scheitert an der spezifischen Verfasstheit des deutschen Bauwesens, das durch das Zusammenspiel von HOAI, der Vergabe- und Vertragsordnung für Bauleistungen (VOB/B) und dem Bürgerlichen Gesetzbuch (BGB) eine dezidierte und strikte Trennung der Leistungs- und Haftungsbereiche von Planung und Ausführung etabliert hat. Diese normative Trennung steht im fundamentalen Widerspruch zur integrativen Grundidee vieler internationaler Ansätze, weshalb eine unreflektierte Adaption an den rechtlichen und kulturellen Realitäten des deutschen Marktes scheitern muss [11; 12]. Darüber hinaus manifestiert sich eine signifikante Applikationslücke, da zahlreiche wissenschaftliche Publikationen zwar konzeptionelle Rahmenwerke zur Integration moderner Methoden vorschlagen, dabei jedoch häufig auf einer strategischen, abstrakten Ebene verbleiben [1; 22]. Es mangelt an praxistauglichen und operativ anwendbaren Synthesemodellen, die das technologische und methodische Potenzial in ein kohärentes, steuerbares und am deutschen Markt beschaff- sowie abrechenbares Leistungsbild übersetzen und somit eine konkrete Handlungsanleitung für die Praxis liefern.

Aus der konvergenten Analyse dieser identifizierten Adaptions- und Applikationslücken leitet sich der unabweisbare Forschungsbedarf ab, ein spezifisches, operatives und messbares Leistungsbild für das Construction Management im deutschen Hochbau zu entwickeln. Notwendig ist ein hybrider Ansatz, der die Potenziale der international diskutierten Methoden wie Lean Construction oder BIM gezielt aufgreift, sie jedoch nicht unreflektiert kopiert, sondern in eine mit den hiesigen Regelwerken kompatible und praktisch anwendbare Struktur überführt. Ein solches Modell muss eine Brücke schlagen, indem es die innovativen globalen Konzepte mit den etablierten Rahmenbedingungen des deutschen Marktes verbindet, da eine simple Übernahme internationaler Ansätze nicht zielführend ist und existierende konzeptionelle Frameworks zu wenig Hilfestellung für die Implementierung in der Praxis bieten. Der Kern des Forschungsbedarfs liegt folglich in der Entwicklung eines erweiterten CM-Leistungsbildes, das systematisch an die in Deutschland etablierte und bei den Praktikern bekannte AHO-Systematik andockt und diese gezielt erweitert. Insbesondere die Handlungsbereiche A „Organisation, Information, Koordination und Dokumentation" sowie E „Verträge und Versicherungen" der AHO-Schriftenreihe Nr. 9 stellen hierfür einen idealen Referenz- und Anknüpfungspunkt dar, da sie die zentralen Hebel für eine ergebnisorientierte und partnerschaftliche Projektsteuerung bilden.

1.3 Zielsetzung und Forschungsfrage

Vor dem Hintergrund der analysierten Forschungslücke verfolgt die vorliegende Arbeit das klar definierte Ziel, ein konzeptionelles, modular aufgebautes Leistungsbild für ein erweitertes Construction Management im deutschen Hochbau zu entwickeln. Dieses Modell soll über die traditionelle, primär beratende und begleitende Funktion der Projektsteuerung, wie sie in der AHO-Schriftenreihe Nr. 9 definiert ist, systematisch hinausgehen. Die zentrale Zielsetzung besteht darin, ein operatives, praxisnahes Modell zu konzipieren, in welchem der Construction Manager ausgewählte zentrale Steuerungsleistungen nicht nur untergeordnet unterstützt, sondern integrativ und mit klar definierter Ergebnisverantwortung übernimmt, um so die in der Praxis beklagten Reibungsverluste an den kritischen Schnittstellen zwischen Planung und Ausführung zu reduzieren [5; 7]. Der Fokus liegt dabei auf der Entwicklung spezifischer, erweiterter Leistungsmodule, die an die Handlungsbereiche A (Organisation, Information, Koordination und Dokumentation) sowie E (Kosten und Finanzierung) der AHO andocken und diese durch Prinzipien internationaler Best-Practice-Modelle anreichern. Letztlich soll ein Beitrag zur Schließung der Lücke zwischen strategischer Projektsteuerung und operativem Baumanagement geleistet werden, indem das CM als eine proaktive Steuerungsinstanz mit klar umrissenen Kompetenzen und Verantwortlichkeiten positioniert wird, die den Projekterfolg maßgeblich und messbar beeinflusst.

Aus dieser übergeordneten Zielstellung leitet sich die zentrale Forschungsfrage der vorliegenden Arbeit ab: Welche spezifischen Leistungsmodule müssen, in Anlehnung an die Handlungsbereiche A und E der AHO-Schriftenreihe Nr. 9, entwickelt werden, um ein praxistaugliches, erweitertes CM-Leistungsbild für den deutschen Hochbau zu definieren, das über die traditionelle Projektsteuerung hinausgeht und eine ergebnisorientierte Steuerungsverantwortung ermöglicht? Zur Beantwortung dieser Hauptfrage werden mehrere Teilziele verfolgt. Ein wesentliches Teilziel ist die systematische Analyse der bestehenden AHO-Leistungsbilder, um jene Aufgaben zu identifizieren, die sich für eine Übertragung an ein erweitertes CM eignen und das größte Optimierungspotenzial bieten. Darauf aufbauend wird als zweites Teilziel die detaillierte Ausformulierung der neuen, hybriden Leistungsmodule vorgenommen, welche die AHO-Struktur mit Prinzipien aus Lean Management, agilen Methoden und digitalen Ansätzen wie BIM verknüpfen. Als drittes Teilziel wird ein darauf basierendes, differenziertes Kompetenz- und Anforderungsprofil für den Construction Manager entwickelt, das zur Übernahme dieser erweiterten operativen Verantwortung befähigt.

Zur strukturierten Untersuchung werden im Rahmen der Arbeit zwei zentrale Hypothesen aufgestellt. Die erste Hypothese postuliert, dass die Bündelung operativer Steuerungsaufgaben in den neu definierten, integrierten Leistungsmodulen – die auf den Handlungsbereichen A und E der AHO aufbauen – zu einer nachweisbaren Reduktion von Änderungsanordnungen und einer höheren Termintreue führt. Dieser Effekt wird insbesondere in den späteren Projektphasen der Vergabe und Bauausführung erwartet (zeitlich äquivalent zu den LPH 6–8 nach HOAI), da hier die durch den integrativen Ansatz vermiedenen Planungsfehler und Schnittstellenkonflikte am deutlichsten sichtbar werden.

Die zweite Hypothese nimmt an, dass ein solches integriertes CM-Modell die Kommunikations- und Entscheidungsprozesse beschleunigt, indem die Informationsflüsse zwischen den Gewerken und der Projektleitung direkter und mit weniger Hierarchieebenen gestaltet werden. Die Überprüfung dieser Hypothesen erfolgt im Rahmen des gewählten qualitativen Forschungsdesigns durch eine systematische Inhaltsanalyse von leitfadengestützten Experteninterviews. Anstatt einer quantitativen Messung, die den Rahmen dieser konzeptionellen Arbeit sprengen würde, wird die Validierung durch die Bewertung der entwickelten Module durch erfahrene Praktiker vorgenommen. Deren Einschätzungen dienen als empirische Grundlage zur kritischen Reflexion und Beantwortung der Forschungsfrage.

1.4 Methodisches Vorgehen und Abgrenzung

Um die formulierte Forschungsfrage fundiert zu beantworten und die aufgestellten Hypothesen zu überprüfen, stützt sich die vorliegende Arbeit auf einen mehrstufigen wissenschaftlichen Methodenmix, der eine theoretische Analyse mit einer gezielten empirischen Validierung kombiniert. Den Ausgangspunkt bildet eine systematische und umfassende Literaturanalyse, die darauf abzielt, den aktuellen nationalen und internationalen Forschungsstand zum Construction Management sowie zu angrenzenden Managementdisziplinen zu erfassen und die in der Problemstellung identifizierte Adaptions- und Applikationslücke systematisch zu untermauern. Hierfür wurden einschlägige wissenschaftliche Datenbanken wie Scopus, Web of Science und Google Scholar ausgewertet, wobei der Suchzeitraum themenspezifisch differenziert wurde, um die unterschiedliche Reife der Forschungsfelder zu berücksichtigen. So wurden für bereits etablierte Konzepte wie Lean Construction Publikationen ab dem Jahr 2010 einbezogen, um eine breite Fundierung zu gewährleisten, während für hochdynamische Technologiefelder wie KI und Retrieval-Augmented Generation (RAG) der Fokus gezielt auf Veröffentlichungen ab 2022 gelegt wurde, um den jüngsten disruptiven Entwicklungen gerecht zu werden [13; 14; 23]. Die Auswahl der relevanten Literatur folgte dabei klar definierten Ein- und Ausschlusskriterien, um die thematische Fokussierung sicherzustellen und die Qualität der herangezogenen Quellen zu gewährleisten (Tab. 1.1).

Aufbauend auf dieser theoretischen Fundierung wird in einem zweiten Schritt ein konzeptioneller Synthese-Ansatz verfolgt. Dabei werden die identifizierten innovativen und international bewährten CM-Praktiken in einem strukturierten Prozess in die bewährten Strukturen des deutschen Planungs- und Baurechts, insbesondere der AHO-Schriftenreihe als zentralem Referenzrahmen, integriert, um ein praxistaugliches, hybrides Leistungsbild zu entwickeln. Die empirische Überprüfung dieses theoretisch entwickelten Modellentwurfs erfolgt anschließend durch eine qualitative Erhebung in Form von leitfadengestützten Experteninterviews. Die Auswahl der Gesprächspartner folgt dem Prinzip des theoretischen Samplings, um eine multiperspektivische Validierung sicherzustellen, weshalb erfahrene Praktiker aus den zentralen Stakeholder-Gruppen – namentlich Vertreter von institutionellen und öffentlichen Auftraggebern, der Projektsteuerung sowie technische Führungskräfte von Generalunternehmen – rekrutiert werden [24; 25; 26]. Dieser Ansatz gewährleistet, dass das neu geschaffene CM-Modell aus den unterschiedlichen Blickwinkeln der Praxis kritisch reflektiert und auf seine Akzeptanz sowie Umsetzbarkeit hin überprüft wird, um wertvolles, kontextgebundenes Erfahrungswissen für dessen Weiterentwicklung zu generieren.

Für die Gewährleistung der wissenschaftlichen Präzision und die Fokussierung der Untersuchung ist eine klare inhaltliche sowie pragmatische Abgrenzung des Forschungsgegenstands unerlässlich. Inhaltlich konzentriert sich die Arbeit explizit auf den privaten und öffentlichen Hochbau und beschränkt sich auf mittlere bis große Bauvorhaben mit einer Bausumme von über zehn Millionen Euro, da hier die Komplexität und die Anzahl

Tab. 1.1 Ein- und Ausschlusskriterien für die Literaturrecherche (eigene Darstellung)

Kriterium	Einschlusskriterien	Ausschlusskriterien
Thematischer Fokus	Arbeiten zu Construction Management, Projektsteuerung (insb. AHO), Integrierte Projektabwicklung (IPA/IPD), Lean Construction, BIM, KI im Bauwesen.	Arbeiten, die ausschließlich den Infrastruktur- oder Tiefbau behandeln; rein technische Studien ohne Managementbezug.
Sprache	Deutsch und Englisch.	Alle anderen Sprachen, um die Vergleichbarkeit und Auswertungstiefe zu gewährleisten.
Publikationsart	Peer-reviewed Journal-Artikel, Konferenzbeiträge, Monographien, Dissertationen.	Nicht-wissenschaftliche Publikationen, Blog-Artikel, reine Meinungsbeiträge, Herstellerinformationen.
Zeitlicher Rahmen	Lean Construction: ab 2010; Kollaborative Modelle/IPA: ab 2015; KI-Anwendungen: ab 2022; Allgemein: Fokus auf die letzten 10 Jahre.	Veraltete Publikationen, deren Erkenntnisse durch neuere Forschung überholt sind.
Geografischer Bezug	Arbeiten mit direktem Bezug zum deutschen Rechts- und Marktumfeld oder solche, die explizit die Übertragbarkeit auf dieses Umfeld diskutieren.	Studien, die sich auf nicht übertragbare, spezifische rechtliche oder kulturelle Kontexte (z. B. außereuropäisches Vergaberecht) ohne Adaptionsdiskurs konzentrieren.

der Schnittstellen ein professionalisiertes Construction Management besonders relevant machen [4; 27]. Der geografische Fokus liegt zwingend auf dem deutschen Rechts- und Kulturraum, um die Übertragbarkeit der Ergebnisse und die Anschlussfähigkeit an die zentrale Forschungsfrage, die auf die Adaption internationaler Konzepte an die spezifischen nationalen Rahmenbedingungen abzielt, sicherzustellen. Innerhalb des Projektlebenszyklus wird der Schwerpunkt bewusst auf die ausführungsnahen Phasen gelegt, da hier die operative Steuerungsleistung des CM am stärksten zum Tragen kommt und die Konsequenzen mangelhafter Integration aus den frühen Planungsphasen am deutlichsten sichtbar werden. Technologisch orientiert sich die Arbeit am aktuellen Stand digitaler Werkzeuge und Methoden, während der rechtliche Rahmen durch die geltenden deutschen Normen und Gesetze gebildet wird, wobei die AHO-Schriftenreihe als zentraler Anknüpfungspunkt für das zu entwickelnde Leistungsbild dient [10; 28].

Literatur

1. PARSAMEHR, M.; PERERA, U. S.; DODANWALA, T. C.; PERERA, P.; RUPARATHNA, R. A review of construction management challenges and BIM-based solutions: perspectives from schedule, cost, quality, and safety management, Asian Journal of Civil Engineering, Band 24, Heft 1, 2023.

2. AIYETAN, A. O.; DAS, D. K. Factors and strategies for improving construction management on sites in mega-projects in South Africa: An explorative survey, Infrastructures, Band 7, Heft 2, 2022.
3. ZILCH, K.; DIEDERICHS, C. J.; KATZENBACH, R.; BECKMANN, K. J. Bauwirtschaft und Baubetrieb, In: Bauwirtschaft und Baubetrieb, Springer Berlin Heidelberg, 2014, S. 379–965.
4. SOMMER, H. Projektmanagement im Hochbau. Berlin, Heidelberg: Springer Berlin Heidelberg, 2016.
5. GLASS, J.; BYGBALLE, L. E.; HALL, D. Transforming construction: the multi-scale challenges of changing and innovating in construction, Construction Management and Economics, Band 40, Hefte 11–12, 2022.
6. VIGREN, O. Ecosystems in construction management and urban development: A comprehensive review of conceptualizations and contributions, Construction Management and Economics, Band 42, Heft 2, 2024, S. 162–181.
7. ZHILYAEV, D.; BINNEKAMP, R.; WOLFERT, A. R. Best fit for common purpose: A multi-stakeholder design optimization methodology for construction management, Buildings, Band 12, Heft 5, 2022, Art. 527.
8. PORTNER, D. Projektsteuerung als Erfolgskriterium, In: Architekturpraxis Bauökonomie, Wiesbaden: Springer Fachmedien, 2023.
9. EL-ABOODI, S. Normen und Standards, In: Effektives Bau-Projektmanagement, Wiesbaden: Springer Fachmedien, 2024.
10. KOCHENDÖRFER, B.; LIEBCHEN, J. H.; VIERING, M. G. Leistungsbilder Projektmanagement/-steuerung, In: Bau-Projekt-Management, Wiesbaden: Springer Fachmedien, 2021.
11. BECKER, S. C.; ROMAN-MÜLLER, H. Integrierte Projektabwicklung (IPA), Wiesbaden: Springer Fachmedien, 2022.
12. GIRMSCHEID, G. Neue Projektabwicklungsformen im Hochbau und Infrastrukturbereich – Investitionskostenorientierung, In: Projektabwicklung in der Bauwirtschaft – prozessorientiert, Berlin/Heidelberg: Springer, 2016.
13. GARCÉS, G.; FORCAEL, E.; OSORIO, C.; CASTAÑEDA, K.; SÁNCHEZ, O. Systematic review of Lean Construction: sustainability and efficiency in construction management, Journal of Infrastructure Preservation and Resilience, Band 6, Heft 1, 2025.
14. FIEDLER, M. Lean Construction – Das Managementhandbuch, Springer, Berlin/Heidelberg, 2018.
15. PAN, Y.; ZHANG, L. Integrating BIM and AI for smart construction management: Current status and future directions, Archives of Computational Methods in Engineering, Band 30, Heft 2, 2023.
16. MORADI, S.; KÄHKÖNEN, K.; KLAKEGG, O. J.; AALTONEN, K. Profile of project managers' competencies for collaborative construction projects, In: 37th Annual ARCOM Conference, 2021.
17. DEEP, S.; GAJENDRAN, T.; JEFFERIES, M. A systematic review of enablers of collaboration in construction projects, International Journal of Construction Management, Band 21, Heft 9, 2021.
18. WAPELHORST, V. Konstruktion eines Entscheidungsmodells für die Vergabe von Projektmanagementleistungen bei öffentlichen Aufträgen, Dissertation, Technische Universität Dortmund, 2023.
19. STROHMAYER, E. F. J. Projektsteuerung bei Immobilienprojektabwicklungen in Österreich. Eine quantitative Untersuchung der Abwicklungsmethodik der delegierbaren Bauherrenaufgaben, Dissertation, Wien, 2020.
20. ZHU, S.; LI, D.; ZHU, J.; FENG, H. Towards a data-rich era: A bibliometric analysis of construction management (2000–2020), Buildings, Band 12, Heft 12, 2022, Art. 2242.

21. RASHIDI, A.; NAJAFI, M.; ARASHPOUR, M.; MOEHLER, R.; BAI, Y.; RAHIMIAN, F. Guest editorial: Embracing the future construction project lifecycle: education and training for construction 4.0, Smart and Sustainable Built Environment, Band 13, Heft 4, 2024.
22. RODRIGUES, F.; ALVES, A. D.; MATOS, R. Construction management supported by BIM and a business intelligence tool, Energies, Band 15, Heft 9, 2022.
23. WU, C.; DING, W.; JIN, Q.; JIANG, J.; JIANG, R.; XIAO, Q.; LI, X. Retrieval augmented generation-driven information retrieval and question answering in construction management, Advanced Engineering Informatics, Band 65, 2025, Art. 103158.
24. AMIES, P.; JIN, X.; SENARATNE, S. Success in construction management of dams: An empirical study, International Journal of Construction Management, Band 25, Heft 10, 2025.
25. AREFAZAR, Y.; NAZARI, A.; HAFEZI, M. R.; MAGHOOL, S. A. H. Prioritizing agile project management strategies in construction projects, International Journal of Construction Management, Band 22, Heft 4, 2022.
26. ARUN, M.; BARIK, D.; CHANDRAN, S. S.; PRAVEENKUMAR, S.; TUDU, K. Economic, policy, social, and regulatory aspects of AI-driven smart buildings, Journal of Building Engineering, Band 99, 2025.
27. SEARS, S. K.; SEARS, G. A.; CLOUGH, R. H. Construction project management: A practical guide to field construction management. Hoboken: John Wiley & Sons, 2010.
28. SCHNEIDER, W.; VOLKMANN, W. Prozessorientiertes Bauprojektmanagement, Springer Berlin Heidelberg, 2017.

Grundlagen und etablierte Standards der Projektabwicklung in Deutschland

2

Die Auseinandersetzung mit innovativen Projektabwicklungsmodellen im Bauwesen erfordert zunächst die Schaffung einer soliden terminologischen und theoretischen Basis, um die komplexen Zusammenhänge und die spezifischen Herausforderungen der Branche adäquat analysieren zu können. Die deutsche Bauwirtschaft ist historisch durch eine stark segmentierte Prozesskette und klar definierte Leistungsbilder geprägt, die maßgeblich durch normative Regelwerke wie die HOAI und die Vergabe- und Vertragsordnung für Bauleistungen (VOB) strukturiert werden [1; 2]. Jedoch sieht sich diese traditionelle, oft als adversarial beschriebene Praxis zunehmend mit internationalen Managementphilosophien wie dem Lean Management oder agilen Methoden konfrontiert, die auf verstärkte Kollaboration und eine ganzheitliche Prozessoptimierung abzielen [3; 4]. Diese Entwicklung führt zu einem Spannungsfeld zwischen etablierten nationalen Vorgehensweisen und neuen, international erprobten Modellen. Das vorliegende Kapitel dient daher dazu, die fundamentalen Begriffe zu definieren, die klassischen Projektrealisierungsmodelle in ihren Grundzügen darzustellen und von neueren, integrativen Ansätzen abzugrenzen, um darauf aufbauend die relevanten Forschungslücken für die Entwicklung eines hybriden Managementansatzes zu identifizieren.

2.1 Begriffsdefinitionen

Um die Besonderheiten des deutschen Marktes zu verstehen und eine präzise Analyse zu ermöglichen, ist eine scharfe Abgrenzung der zentralen Managementbegriffe unerlässlich. Eine präzise und differenzierte Begriffsbestimmung ist unabdingbar, um die verschiedenen Konzepte der Projektorganisation und -steuerung voneinander abzugrenzen und eine gemeinsame Verständnisebene zu etablieren. Insbesondere im deutschsprachigen Raum

H. Kizil, *Construction Management im Hochbau*, Entwicklung neuer Ansätze zum nachhaltigen Planen und Bauen, https://doi.org/10.1007/978-3-658-51390-0_2

ist die Unterscheidung zwischen Projektmanagement und Projektsteuerung von zentraler Bedeutung, da sie unterschiedliche Leistungsinhalte und Haftungsrisiken impliziert. Das Projektmanagement wird dabei gemäß DIN 69901 als der übergeordnete Begriff verstanden, der die Gesamtheit von Führungsaufgaben, -organisation, -techniken und -mitteln für die Abwicklung eines Projektes umfasst und sich in die Kernkomponenten der Projektleitung und der Projektsteuerung gliedert [1; 5]. Die Projektleitung übernimmt dabei als Linienfunktion die originären, nicht delegierbaren Bauherrenaufgaben, besitzt Entscheidungs- und Durchsetzungskompetenz und trägt die Gesamtverantwortung für das Erreichen der Projektziele [5; 6]. Im Gegensatz dazu agiert die Projektsteuerung in einer Stabsfunktion, indem sie delegierbare Bauherrenaufgaben übernimmt und die Projektleitung beratend und kontrollierend in den Bereichen Kosten, Termine und Qualitäten unterstützt, jedoch ohne direkte Weisungsbefugnis gegenüber den Projektbeteiligten. Diese klare Trennung, deren Leistungsinhalte im AHO-Heft Nr. 9 detailliert ausgestaltet sind, ist ein charakteristisches Merkmal der deutschen Baupraxis.

Zur Einordnung der deutschen Praxis in einen globalen Kontext ist die Abgrenzung zum international geprägten Begriff des Construction Managements (CM) notwendig, da dieses ein erweitertes Leistungs- und Risikoprofil aufweist. Während eine direkte und einheitliche Definition in der deutschen Literatur fehlt, wird das Construction Management als eine erweiterte Form des Projektmanagements charakterisiert, bei der ein Managementunternehmen neben Steuerungsaufgaben auch Planungs- und Ausführungsleistungen, insbesondere aus den HOAI-Phasen 6 bis 8, übernimmt. International wird zwischen zwei Hauptvarianten unterschieden: dem „CM at Agency" und dem „CM at Risk". Beim „CM at Agency" agiert der Construction Manager treuhänderisch als Berater und Vertreter des Bauherrn und ähnelt in seiner reinen Stabsfunktion der deutschen Projektsteuerung, schließt jedoch keine Werkverträge im eigenen Namen ab. Im Gegensatz dazu übernimmt der Construction Manager im „CM at Risk"-Modell ein höheres Projektrisiko, indem er Werkverträge mit Nachunternehmern im eigenen Namen abschließt und häufig einen garantierten Maximalpreis (GMP) vereinbart, wodurch er eine direkte Kosten- und Terminverantwortung trägt und somit eine deutlich operativere Rolle einnimmt [7; 8]. Ein wesentliches Merkmal beider CM-Varianten ist die frühzeitige Einbindung von ausführungsorientiertem Wissen bereits in der Planungsphase, um die Umsetzbarkeit und Wirtschaftlichkeit von Entwurfslösungen zu optimieren.

Die Analyse innovativer Modelle erfordert zudem ein Verständnis der traditionellen Projektrealisierungsmodelle und ihrer spezifischen Verteilung von Risiko und Koordinationsaufwand. Unter dem Begriff der Projektrealisierungsmodelle, international auch als „Project Delivery Methods" bezeichnet, versteht man die grundlegende Organisation und vertragliche Strukturierung der Beziehungen zwischen Bauherr, Planer und ausführendem Unternehmen. Das klassische und in Deutschland am weitesten verbreitete Modell ist die Einzelvergabe, bei der der Bauherr separate Verträge mit allen Planern und den ausführenden Gewerken schließt und somit die volle Koordinationsverantwortung sowie das gesamte Schnittstellenrisiko trägt. Um diesen hohen Steuerungsaufwand zu reduzieren und Risiken zu transferieren, kann der Bauherr einen Generalunternehmer (GU)

Tab. 2.1 Gegenüberstellung HOAI/AHO/CM in Anlehnung an [6; 9; 10]

Aspekt	HOAI	AHO (Projektsteuerung)	Construction Management
Rechtliche Grundlage	Verordnung (seit 2021 unverbindlich)	Empfehlung (vertraglich vereinbart)	Vertragliche Vereinbarung
Leistungsumfang	9 Leistungsphasen (Planung & Überwachung)	5 Handlungsbereiche (A-E)	Erweiterte Managementleistungen
Rolle	Planer/ Objektüberwacher	Stabsfunktion (beratend)	Operativ (CM at Risk) oder beratend (CM at Agency)
Verantwortung	Planungs- und Überwachungsleistung	Beratung ohne Weisungsbefugnis	Direkte Vertragsverantwortung (CM at Risk)
Risikoübernahme	Planungsrisiko	Keine direkte Risikoübernahme	Kosten- und Terminrisiko (GMP möglich)
Einbindungszeitpunkt	Sequenziell nach Phasen	Projektbegleitend	Frühzeitige Einbindung in Planungsphase
Koordinationsfunktion	Fachplanerintegration	Übergeordnete Projektkoordination	Gesamtprojektkoordination mit Ausführungsfokus

beauftragen, der die Verantwortung für die gesamte Bauausführung übernimmt, während die Planung separat vergeben wird. Geht die Leistung über die reine Ausführung hinaus und umfasst auch die Planungsleistungen, spricht man vom Totalunternehmer (TU), der dem Bauherrn eine schlüsselfertige Gesamtlösung aus einer Hand anbietet, wodurch die Komplexität auf Bauherrenseite minimiert, aber auch dessen Einflussmöglichkeiten reduziert werden [2; 8] (Tab. 2.1).

Schließlich ist zur Identifikation der Forschungslücke die Darstellung moderner, integrierter Modelle erforderlich, die die Nachteile der traditionellen, fragmentierten Ansätze überwinden sollen. Über die klassischen Modelle hinaus haben sich international zunehmend integrierte und partnerschaftliche Projektabwicklungsmodelle etabliert, die darauf abzielen, die Nachteile der oft konfrontativen Zusammenarbeit zu überwinden [11; 12]. Ein zentrales Modell ist hierbei das Design-Build-Verfahren (DB), bei dem der Bauherr einen einzigen Vertrag für die Gesamtleistung aus Planung und Ausführung vergibt, was die Koordination der Disziplinen erleichtert und eine überlappende Abwicklung im Fast-Track-Verfahren ermöglicht [7; 8]. Noch weiter gehen Modelle wie das IPD, die auf relationalen Mehrparteienverträgen basieren. Hierbei werden die Interessen von Bauherr, Planer und ausführendem Unternehmen durch gemeinsame Risikopools sowie Bonus-Malus-Systeme aufeinander abgestimmt, um eine offene Kollaboration und gemeinsame Optimierung des Projekterfolgs zu incentivieren [13; 14]. Diese internationalen Trends stellen die etablierte deutsche Praxis vor die Herausforderung, die starren Strukturen der HOAI und VOB mit agilen und kollaborativen Prinzipien zu verbinden, weshalb die Entwicklung validierter Synthesemodelle, die diese Brücke schlagen, in der aktuellen Forschung als eine zentrale Lücke identifiziert wird (Tab. 2.2).

Tab. 2.2 Vergleich diverser Ansätze anhand von ausgewählten Kriterien in Anlehnung an [7; 8]

Modell	Koordinationsaufwand Bauherr	Risikoverteilung	Integrationslevel	Kollaborationsgrad
Einzelvergabe.	Sehr hoch	Bauherr trägt Schnittstellenrisiko	Niedrig	Adversarial
Generalunternehmer	Mittel	GU übernimmt Ausführungsrisiko	Mittel	Segmentiert
Totalunternehmer	Niedrig	TU trägt Gesamtrisiko	Hoch	Intern integriert
Design-Build	Niedrig	Auftragnehmer trägt P&A-Risiko	Sehr hoch	Kooperativ
CM at Agency	Mittel	Bauherr behält Risiko	Hoch	Kollaborativ
CM at Risk	Niedrig	CM übernimmt Kostenrisiko	Sehr hoch	Kollaborativ
IPD	Niedrig	Geteiltes Risiko (Risk Pool)	Maximal	Vollständig kollaborativ

2.2 Die HOAI als Rahmen für Planungsleistungen

Die HOAI stellt ein zentrales Regelwerk für die Definition und Vergütung von Planungsleistungen im deutschen Bauwesen dar, dessen Verständnis für die Abgrenzung zu Managementleistungen essenziell ist. Ihre rechtliche Einordnung und Zielsetzung haben sich jedoch durch das Urteil des Europäischen Gerichtshofs (EuGH) vom 4. Juli 2019 und die darauffolgende Neufassung der HOAI im Jahr 2021 fundamental gewandelt. Infolge dieses Urteils wurden die ehemals verbindlichen Mindest- und Höchsthonorarsätze als unvereinbar mit der EU-Dienstleistungsrichtlinie eingestuft, weshalb die heutige Verordnung kein zwingendes Preisrecht mehr enthält [HOAI]. Stattdessen dient sie als Orientierungsrahmen, dessen Anwendung auf einer vertraglichen Vereinbarung basiert und dessen Honorartafeln als unverbindliche Orientierungswerte fungieren [§ 2a Abs. 1 HOAI] (Abb. 2.1).

Ihre primäre Funktion hat sich somit von der Preisregulierung hin zur Bereitstellung einer strukturierten und transparenten Grundlage für die Leistungsbeschreibung verschoben, was die Vergleichbarkeit von Angeboten fördert und zur Qualitätssicherung beitragen soll [6; 15] (Tab. 2.3).

Für die vorliegende Arbeit ist die entscheidende Erkenntnis, dass die HOAI ausschließlich die originären Planungs- und Objektüberwachungsleistungen des Architekten oder Ingenieurs regelt, jedoch explizit keine Leistungsbilder für das übergeordnete Projektmanagement oder die Projektsteuerung definiert. Diese klare systematische Trennung ist das Ergebnis einer langen Entwicklung, bei der Managementaufgaben konsequent aus der HOAI ausgelagert wurden; so waren beispielsweise Projektsteuerungsleistungen in Fassungen vor der Novellierung von 2002 noch teilweise in § 31 a. F. verankert, werden heute aber systematisch im Rahmen der AHO-Schriftenreihe behandelt. Zwar beinhalten die Leistungsphasen der HOAI, insbesondere die Leistungsphase 8 „Objektüberwachung", koordinierende sowie termin- und kostenkontrollierende Aufgaben, diese beziehen sich jedoch stets auf die konkrete Realisierung des Objekts und die Koordination der fachlich Beteiligten am Bau [Anlage 10.1, LPH 8, HOAI]. Diese Aufgaben sind strikt von den gesamtprojektsteuernden und strategischen Managementfunktionen abzugrenzen, deren detaillierte Definition, Leistungsinhalte und Abgrenzung zur Projektleitung bereits in Abschn. 1.1 ausführlich dargelegt wurden und die den eigentlichen Untersuchungsgegenstand dieser Arbeit bilden.

Die innere Struktur der HOAI, die auf einem System von neun logisch aufeinander aufbauenden Leistungsphasen (LPH 1–9) basiert, bildet den gesamten Lebenszyklus von der Grundlagenermittlung bis zur Objektbetreuung ab und dient als chronologischer Rahmen

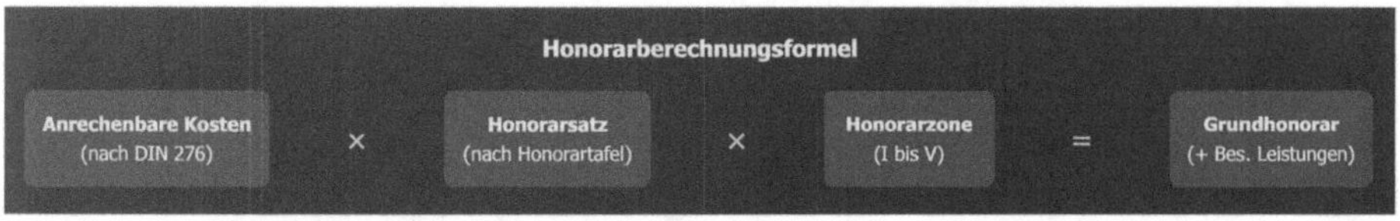

Abb. 2.1. Honorarberechnungsformel nach HOAI [10]

Tab. 2.3 Vergleich LPH 8 und Projektsteuerung nach AHO in Anlehnung an [9; 10]

Aspekt	HOAI LPH 8 – Objektüberwachung	AHO – Projektsteuerung	Wesentlicher Unterschied
Scope/Umfang	Überwachung der konkreten Objektrealisierung	Gesamtprojektsteuerung über alle Phasen	Objekt-fokussiert vs. projektorientiert
Koordinationsebene	Integration der Fachplanungen am Objekt	Übergeordnete Koordination aller Beteiligten	Fachliche vs. strategische Koordination
Kostenkontrolle	Vergleich Ist-Kosten mit Planungskosten	Umfassendes Kostencontrolling und -steuerung	Reaktiv vs. proaktiv
Terminüberwachung	Überwachung der Ausführungstermine	Gesamtterminplanung und -steuerung	Ausführungs-fokussiert vs. projektumfassend
Rechtliche Stellung	Planer mit Überwachungsauftrag	Stabsfunktion ohne Weisungsbefugnis	Direkte Planungsverantwortung vs. beratende Funktion
Nachtragsbearbeitung	Prüfung planungsrelevanter Nachträge	Umfassendes Nachtrags- und Claim-Management	Technisch vs. kommerziell-strategisch
Entscheidungskompetenz	Im Rahmen der Planungsverantwortung	Keine eigene Entscheidungskompetenz	Fachliche Entscheidungen vs. reine Beratung

für traditionelle Projektabläufe in Deutschland. Eine detaillierte Erörterung der einzelnen Grund- und Besonderen Leistungen innerhalb jeder Phase sowie der Methodik der Honorarermittlung mittels anrechenbarer Kosten und Honorarzonen würde jedoch über den Fokus dieser Untersuchung hinausgehen, da nicht die Vergütung von Planungsleistungen, sondern die Organisation und Steuerung des Gesamtprojekts im Mittelpunkt steht (Tab. 2.4).

Tab. 2.4 Grund- und besondere Leistungen nach LPH [10]

Leistungsphase	Grundleistungen (§ 3 Abs. 1)	Typische Besondere Leistungen (§ 3 Abs. 2)
LPH 1Grundlagenermittlung	• Klären der Aufgabenstellung • Ortsbesichtigung • Beraten zum gesamten Leistungs- und Untersuchungsbedarf • Aufstellen eines Planungs- und Untersuchungskonzepts	• Standortanalyse • Bestandsaufnahme • Baugrunduntersuchung • Wirtschaftlichkeitsuntersuchungen • Beschaffen behördlicher Auskünfte
LPH 2Vorplanung	• Lösung der Planungsaufgabe • Untersuchung der Lösungsmöglichkeiten • Kostenschätzung nach DIN 276 • Terminplan mit den wesentlichen Vorgängen	• Aufstellen eines Finanzierungsplanes • Mitwirkung bei Bodenordnung • Kostenberechnungen für Alternativlösungen • Ergänzende Planungsunterlagen
LPH 3Entwurfsplanung	• Durcharbeiten des Planungskonzepts • Objektbeschreibung • Kostenberechnung nach DIN 276 • Fortschreibung des Terminplans	• Perspektivische Darstellungen • Präsentationsunterlagen • Fortschreibung der Kostenschätzung bei Änderungen • Ergänzende Berechnungen
LPH 5Ausführungsplanung	• Erarbeiten der Ausführungsplanung • Fortschreibung der Ausführungsplanung • Kostenanschlag nach DIN 276	• Aufstellen von Raumbüchern • Prüfung und Bewertung von Systemalternativen • Fortschreibung des Kostenanschlags bei Planungsänderungen
LPH 8Objektüberwachung	• Überwachung der Ausführung • Rechnungsprüfung • Vergleich der Ist-Kosten mit den Planungskosten • Organisieren der Abnahme der Bauleistungen	• Aufstellen, Fortschreibung und Überwachung von differenzierten Zeit-, Kosten- oder Kapazitätsplänen • Tätigkeiten im Rahmen der Projektsteuerung • Mitwirkung bei der Beschaffung von Kunst am Bau

Für die Analyse alternativer und integrierter Projektabwicklungsmodelle wie dem Construction Management oder dem Integrated Project Delivery ist die HOAI primär als Abgrenzungsfolie und als Definition der Schnittstelle zu den klassischen Planerleistungen relevant. Sie repräsentiert das etablierte, sequenzielle System, dessen prozessuale und strukturelle Grenzen durch kollaborative Managementansätze überwunden werden sollen. Die Fähigkeit, die klar definierten Leistungsbilder der HOAI mit den flexibleren und umfassenderen Managementaufgaben der AHO- oder CM-Modelle vertraglich und organisatorisch zu verknüpfen, stellt eine zentrale Herausforderung in der Praxis dar.

2.3 Das Leistungsbild der Projektsteuerung nach AHO-Heft Nr. 9

2.3.1 Grundstruktur und Handlungsbereiche

Während die HOAI den Rahmen für die Planungs- und Überwachungsleistungen vorgibt, hat sich für die übergeordneten Managementaufgaben im deutschen Bauwesen die Systematik des Ausschusses der Verbände und Kammern der Ingenieure und Architekten für die Honorarordnung e. V. (AHO) als maßgeblicher Standard etabliert. Die AHO-Schriftenreihe, insbesondere das Heft Nr. 9 „Projektmanagementleistungen in der Bau- und Immobilienwirtschaft", füllt die Lücke, die die HOAI bewusst offenlässt. Seit seiner Erstveröffentlichung im Jahr 1996 wurde das Leistungsbild kontinuierlich weiterentwickelt und liegt mittlerweile in seiner sechsten Auflage von 2025 vor, was seine beständige Relevanz unterstreicht [6; 15]. Rechtlich gesehen handelt es sich bei der AHO-Systematik um eine Empfehlung, die erst durch explizite vertragliche Vereinbarung bindend wird und den Parteien hohe Flexibilität bei der projektspezifischen Anpassung der Leistungen ermöglicht [§ 2 Abs. 1, Abs. 4 AHO]. Das Herzstück der AHO-Systematik ist die Gliederung der Projektmanagementleistungen in fünf zentrale Handlungsbereiche: Organisation (A), Qualitäten (B), Kosten (C), Termine (D) und Verträge (E), die eine prozessorientierte Sicht auf die Steuerungsaufgaben ermöglichen und sich strukturell an den Leistungsphasen der HOAI orientieren [6; 15] (Abb. 2.2).

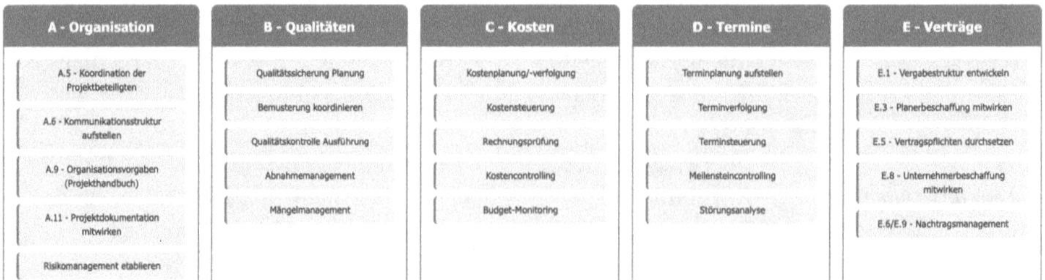

Abb. 2.2 Grundstruktur und Handlungsbereiche der AHO [9]

Obwohl alle fünf Handlungsbereiche für den Projekterfolg von Bedeutung sind, bilden die Bereiche A (Organisation) und E (Verträge) die fundamentalen Säulen für die Entwicklung eines erweiterten Managementmodells wie dem Construction Management, das über eine rein beratende Funktion hinausgeht. Der Handlungsbereich A schafft die organisatorischen und prozessualen Strukturen, die für eine effektive Steuerung und Kontrolle des Gesamtprojekts unabdingbar sind. Der Handlungsbereich E definiert das kommerzielle und rechtliche Gerüst, welches die Risikoverteilung und die Verantwortlichkeiten zwischen den Akteuren regelt. Diese beiden Bereiche stellen die entscheidenden Hebel dar, um von einer reinen Unterstützungsfunktion zu einer echten Ergebnisverantwortung zu gelangen. Eine saubere Definition der Aufbau- und Ablauforganisation (A) ist die Voraussetzung, um vertragliche Verpflichtungen (E) wirksam durchsetzen zu können. Umgekehrt ermöglichen erst die im Handlungsbereich E geschaffenen vertraglichen Grundlagen die Übernahme von operativer Verantwortung und finanziellen Risiken, wie sie für CM-Modelle charakteristisch sind. Die nachfolgende Analyse konzentriert sich daher auf diese beiden Handlungsbereiche, um das AHO-Leistungsbild als Basis für ein erweitertes CM-Profil zu qualifizieren.

2.3.2 Abgrenzung Projektleitung vs. Projektsteuerung

Wie bereits in Abschn. 2.1 dargelegt, unterscheidet die AHO-Systematik klar zwischen der Projektleitung als nicht delegierbarer Entscheidungsfunktion des Auftraggebers und der Projektsteuerung als delegierbarer Stabsfunktion zur Unterstützung [§ 3 Abs. 1, Abs. 2 AHO]. Für die Entwicklung eines operativen CM-Modells ist jedoch die explizite Öffnungsklausel der AHO von entscheidender Bedeutung. Diese gestattet es dem Auftraggeber, auch Teile seiner Projektleitungsaufgaben per Vollmacht an einen externen Dritten zu übertragen [§ 3 Abs. 3 AHO]. Dadurch wird die starre Trennung zwischen reiner Beratung und Entscheidung aufgeweicht und die vertragliche Grundlage geschaffen, um einem Dienstleister nicht nur Kontroll-, sondern auch Führungsaufgaben mit Weisungsbefugnis und Ergebnisverantwortung zu übertragen. Erst diese Möglichkeit erlaubt die Implementierung eines CM-Modells, das über die traditionelle Projektsteuerung hinausgeht und beispielsweise das Führen von Vertragsverhandlungen oder den Abschluss von Nachträgen im Namen des Bauherrn umfasst, was für die Übernahme von Kosten- und Terminrisiken essenziell ist (Tab. 2.5).

2.3.3 Detailanalyse relevanter Grundleistungen

Eine vertiefte Untersuchung der AHO-Systematik offenbart, dass die Handlungsbereiche A (Organisation, Information, Koordination und Dokumentation) und E (Verträge und Versicherungen) eine fundamentale und miteinander verwobene Rolle für den Erfolg eines Bauprojekts spielen. Der Handlungsbereich A bildet gewissermaßen das zentrale Nerven-

Tab. 2.5 Gegenüberstellung Projektleitung vs. -steuerung in Anlehnung an [5; 9]

Aufgabe	Projektleitung	Projektsteuerung	Anmerkung
Strategische Entscheidungen	R	C	Nicht delegierbare Bauherrenaufgabe
Budget-Freigaben	R	C	Finale Entscheidung beim Bauherrn
Vertragsabschlüsse	R	A	PS unterstützt bei Verhandlungen
Kostencontrolling	C	R	Kernaufgabe der Projektsteuerung
Terminsteuerung	C	R	PS führt operatives Terminmanagement
Nachtragsbearbeitung	A	R	PS prüft, PL entscheidet
Projektdokumentation	I	R	PS organisiert und strukturiert
Risikomanagement	A	R	PS identifiziert, PL entscheidet

system des Projekts, indem er die Strukturen schafft, innerhalb derer Informationen fließen, Entscheidungen getroffen und Leistungen koordiniert werden. Er legt das Fundament für eine geordnete und transparente Projektabwicklung. Der Handlungsbereich E hingegen befasst sich mit dem juristischen und kommerziellen Gerüst des Projekts, indem er die vertraglichen Beziehungen zwischen allen Beteiligten regelt, von der ersten Vergabe bis zum Management von Nachträgen und der Abwicklung von Versicherungsfällen. Beide Bereiche sind nicht isoliert zu betrachten, da eine saubere Organisation (Handlungsbereich A) die Voraussetzung für ein wirksames Vertrags- und Nachtragsmanagement (Handlungsbereich E) ist und umgekehrt vertragliche Regelungen die Organisations- und Kommunikationsprozesse maßgeblich beeinflussen. Die folgende Detailanalyse wird die zentralen Leistungsbilder dieser beiden Handlungsbereiche beleuchten und ihre kritische Bedeutung für eine integrierte und erfolgreiche Projektabwicklung herausarbeiten, wobei die präzisen Definitionen aus der AHO-Schriftenreihe als maßgebliche Referenz dienen [6; 15].

2.3.3.1 Handlungsbereich A: Organisation, Information, Koordination und Dokumentation

Um die Basis für ein erweitertes CM-Leistungsbild zu schaffen, wird der Handlungsbereich A analysiert, da er die grundlegenden organisatorischen und koordinativen Leistungen definiert, die für eine ergebnisverantwortliche Projektführung notwendig sind. Eine zentrale Grundleistung ist dabei das Aufstellen und Fortschreiben der projektspezifischen Organisationsvorgaben im Projekthandbuch [Grundleistung A.9, AHO], welches Rollen, Verantwortlichkeiten und Berichtswege festlegt. Ergänzt wird dies durch die Etablierung einer funktionierenden Kommunikationsstruktur, die das gesamte Berichts- und Besprechungswesen regelt [Grundleistung A.6, AHO]. Die Projektsteuerung agiert hierbei als zentrale Koordinations- und Informationsdrehscheibe, die die Schnittstellen zwischen allen Beteiligten managt [Grundleistung A.5, AHO] und eine lückenlose Dokumentation sicherstellt [Grundleistung A.11, AHO]. Für ein CM-Leistungsbild bedeutet dies, dass diese rein administrativen und koordinierenden Aufgaben um proaktive Entscheidungs-

und Durchsetzungsbefugnisse erweitert werden müssen [6; 15]. Der Construction Manager agiert nicht nur als Informationsverwalter, sondern als aktiver Gestalter der Projektprozesse mit der Befugnis, die Einhaltung der Vorgaben durchzusetzen.

Die Grundstruktur des Handlungsbereichs A liefert somit ein valides Gerüst für die Organisation eines CM-Projekts, muss jedoch in seiner Intention und Reichweite modifiziert werden. Während die prozessualen Elemente wie das Projekthandbuch oder das Berichtswesen weitgehend übernommen werden können, wird die Rolle des Managers fundamental erweitert. Die Koordination der Beteiligten wandelt sich von einer reinen Moderation zu einer aktiven Führung mit Weisungsbefugnis. Das Risikomanagement, das in der AHO als analytische und beratende Aufgabe verstanden wird, entwickelt sich im CM-Modell zu einer aktiven Risikoübernahme, bei der der CM für die von ihm identifizierten und steuerbaren Risiken auch finanziell haftet [6; 15]. Die reine Dokumentations- und Informationspflicht wird somit zu einer umfassenden Führungs- und Ergebnisverantwortung ausgebaut.

Im Handlungsbereich A werden die grundlegenden organisatorischen und koordinativen Leistungen definiert, die eine geordnete Projektabwicklung sicherstellen sollen, jedoch in der Praxis oft nur unzureichend zur Geltung kommen. Zwar beschreibt die AHO zentrale Grundleistungen wie das Aufstellen von Organisationsvorgaben im Projekthandbuch [Grundleistung A.9, AHO], die Etablierung einer Kommunikationsstruktur [Grundleistung A.6, AHO] und die Funktion der Projektsteuerung als zentrale Koordinations- und Informationsdrehscheibe [Grundleistung A.5, AHO], doch mangelt es der Projektsteuerung an der notwendigen Durchsetzungskompetenz, um diese Rolle in einem von Silodenken und getrennten Verantwortlichkeiten geprägten Umfeld wirksam auszufüllen [6; 16]. Diese Diskrepanz zwischen normativem Anspruch und praktischer Realität wird dadurch verdeutlicht, dass die Projektsteuerung in ihrer reinen Stabsfunktion lediglich beratend agiert und ohne direkte Weisungsbefugnis oft nur als Informationsvermittler zwischen den Parteien fungiert, anstatt aktiv zu steuern [5; 6]. Das AHO-Modell liefert somit zwar das Gerüst für die Organisation, versagt aber darin, die inhärente Fragmentierung des deutschen Bausystems zu überwinden, da es die Projektsteuerung in einer rein beratenden Stabsfunktion ohne Weisungsbefugnis belässt [6; 15]. Folglich besteht die Notwendigkeit für ein erweitertes CM-Leistungsbild darin, diese rein administrativen und koordinierenden Aufgaben um proaktive Durchsetzungsbefugnisse zu erweitern und die Rolle des Managers fundamental von einem reaktiven Informationsverwalter zu einem aktiven Gestalter und Integrator der Projektprozesse zu transformieren, der die Autorität besitzt, die Einhaltung von Vorgaben durchzusetzen und somit eine umfassende Führungs- und Ergebnisverantwortung zu übernehmen [6; 15].

2.3.3.2 Handlungsbereich E: Verträge und Versicherungen

Anschließend wird der Handlungsbereich E untersucht, um die vertraglichen und kommerziellen Hebel zu identifizieren, durch die ein Construction Manager Ergebnisverantwortung, insbesondere für Kosten und Termine, übernehmen kann. Die AHO sieht hier zentrale Mitwirkungsleistungen vor, wie die Erstellung einer Vergabe- und Vertragsstruktur [Grundleistung E.1], die Unterstützung bei der Beschaffung von Planungs- und

Bauleistungen [Grundleistungen E.3, E.8] sowie das Prüfen von Nachträgen [Grundleistung E.9]. In all diesen Phasen agiert die Projektsteuerung nach AHO-Verständnis als beratende und unterstützende Instanz, während die finale Entscheidung und die rechtliche Verantwortung beim Auftraggeber verbleiben [6; 15]. Die bloße Mitwirkung bei Vergabe und Nachtragsprüfung, wie sie die AHO vorsieht, wird im CM-Modell jedoch zu einer führenden Rolle. Je nach Ausgestaltung kann der Construction Manager Verträge mit Nachunternehmern im eigenen Namen abschließen (CM-at-Risk) und trägt somit die direkte kommerzielle Verantwortung für die von ihm gemanagten Nachträge und die Einhaltung des Budgets.

Für die Ausgestaltung eines CM-Leistungsbildes bildet der Handlungsbereich E der AHO somit die prozessuale Vorlage, deren Rollenverständnis jedoch grundlegend transformiert werden muss. Die AHO-Prozesse zur Vergabevorbereitung, Angebotsprüfung und zum Nachtragsmanagement werden übernommen, aber die Position des Managers ändert sich von einem externen Berater zu einem vertraglich gebundenen, verantwortlichen Akteur [6; 15]. Die „Mitwirkung" bei der Vergabe wird zur eigenverantwortlichen Durchführung der Vergabe. Das „Prüfen" von Nachträgen wird zu einem aktiven Claim-Management, bei dem der CM im Rahmen eines garantierten Maximalpreises (GMP) das finanzielle Risiko für ungerechtfertigte oder schlecht gemanagte Forderungen selbst trägt. Die AHO liefert das „Was" und „Wie" der Prozesse, während das CM-Modell das „Wer" und mit welcher Verantwortung neu definiert.

Eine ähnliche kritische Betrachtung erfordert der Handlungsbereich E, der die vertraglichen und kommerziellen Hebel der Projektsteuerung beschreibt. Die AHO sieht hier wesentliche, jedoch ausschließlich mitwirkende Leistungen vor, wie die Beteiligung an der Erstellung einer Vergabe- und Vertragsstruktur [Grundleistung E.1], die Unterstützung bei der Beschaffung von Leistungen [Grundleistungen E.3, E.8] sowie das Prüfen von Nachträgen [Grundleistung E.9]. In der Praxis erweist sich diese auf „Mitwirkung" beschränkte Rolle als unzureichend, um der adversarischen Nullsummenlogik traditioneller Verträge entgegenzuwirken, die systematisch zu einer Kultur des „Claim-Denkens" und konfrontativen Auseinandersetzungen führt [8; 17]. Da die finale Entscheidung und die rechtliche Verantwortung stets beim Auftraggeber verbleiben, agiert die Projektsteuerung als beratende Instanz ohne kommerziellen Hebel [6; 15]. Sie kann zwar fachlich prüfen und Empfehlungen aussprechen, besitzt jedoch keine Möglichkeit, die Projektbeteiligten zu einem partnerschaftlichen Verhalten zu bewegen oder strategische Vergabemodelle durchzusetzen, die Konflikte von vornherein vermeiden. Das AHO-Modell ist somit primär reaktiv und auf die Verwaltung von Problemen ausgerichtet, anstatt deren Entstehung präventiv zu verhindern. Ein erweitertes CM-Leistungsbild muss daher an diesem Punkt ansetzen und das Rollenverständnis fundamental transformieren: Die bloße „Mitwirkung" bei der Vergabe wandelt sich zur eigenverantwortlichen Gestaltung und Durchführung partnerschaftlicher Auswahlprozesse, während das rein formale „Prüfen" von Nachträgen durch ein aktives, risikobasiertes Claim-Management ersetzt wird, bei dem der Construction Manager, beispielsweise im Rahmen eines garantierten Maximalpreises (GMP), eine direkte finanzielle Mitverantwortung für die Einhaltung des Budgets übernimmt und somit ein ureigenes Interesse an der Vermeidung von Konflikten und Mehrkosten hat.

Literatur

1. SOMMER, H. Projektmanagement im Hochbau. Berlin, Heidelberg: Springer Berlin Heidelberg, 2016.
2. ZILCH, K.; DIEDERICHS, C. J.; KATZENBACH, R.; BECKMANN, K. J. Bauwirtschaft und Baubetrieb, In: Bauwirtschaft und Baubetrieb, Springer Berlin Heidelberg, 2014, S. 379–965.
3. LENNARTZ, K. M. Agile Methoden in der Bauplanung: Optimierung der Zusammenarbeit in komplexen Bauprojekten, Dissertation, RWTH Aachen, 2023.
4. FIEDLER, M. Lean Construction – Das Managementhandbuch, Springer, Berlin/Heidelberg, 2018.
5. STROHMAYER, E. F. J. Projektsteuerung bei Immobilienprojektabwicklungen in Österreich. Eine quantitative Untersuchung der Abwicklungsmethodik der delegierbaren Bauherrenaufgaben, Dissertation, Wien, 2020.
6. KOCHENDÖRFER, B.; LIEBCHEN, J. H.; VIERING, M. G. Leistungsbilder Projektmanagement/-steuerung, In: Bau-Projekt-Management, Wiesbaden: Springer Fachmedien, 2021.
7. SEARS, S. K.; SEARS, G. A.; CLOUGH, R. H. Construction project management: A practical guide to field construction management. Hoboken: John Wiley & Sons, 2010.
8. GIRMSCHEID, G. Neue Projektabwicklungsformen im Hochbau und Infrastrukturbereich – Investitionskostenorientierung, In: Projektabwicklung in der Bauwirtschaft – prozessorientiert, Berlin/Heidelberg: Springer, 2016.
9. AHO e.V. Projektmanagement in der Bau- und Immobilienwirtschaft – Standards für Leistungen und Vergütung, Heft Nr. 9, 6. Aufl., Düsseldorf: Reguvis, 2025.
10. HOAI.de GmbH HOAI Volltext 2021: Verordnung über die Honorare für Architekten- und Ingenieurleistungen (Fassung 2021).
11. DEEP, S.; GAJENDRAN, T.; JEFFERIES, M. A systematic review of enablers of collaboration in construction projects, International Journal of Construction Management, Band 21, Heft 9, 2021.
12. GLASS, J.; BYGBALLE, L. E.; HALL, D. Transforming construction: the multi-scale challenges of changing and innovating in construction, Construction Management and Economics, Band 40, Hefte 11–12, 2022.
13. BECKER, S. C.; ROMAN-MÜLLER, H. Integrierte Projektabwicklung (IPA), Wiesbaden: Springer Fachmedien, 2022.
14. BUDAU, M. R. D. Integrierte Projektabwicklung mit Mehrparteienverträgen, KIT Scientific Publishing, 2024.
15. EL-ABOODI, S. Normen und Standards, In: Effektives Bau-Projektmanagement, Wiesbaden: Springer Fachmedien, 2024.
16. SCHNEIDER, W.; VOLKMANN, W. Prozessorientiertes Bauprojektmanagement, Springer Berlin Heidelberg, 2017.
17. SPANG, K.; RIEMANN, S. Partnering in infrastructure projects in Germany, Procedia – Social and Behavioral Sciences, Band 119, 2014, S. 219–228.

3 Stand der Forschung im Hinblick auf innovative Ansätze und Leistungsbilder im internationalen Construction Management

Die wissenschaftliche Auseinandersetzung mit Construction Management hat sich in den vergangenen Jahrzehnten signifikant gewandelt, was sich in einer stetig wachsenden Anzahl internationaler und kollaborativer Forschungsarbeiten manifestiert [1; 2]. Die heutige Forschung konzentriert sich maßgeblich auf die digitale Transformation der Architektur-, Ingenieur- und Baubranche (AEC), die im Vergleich zu anderen Wirtschaftszweigen als langsam in der Adaption moderner Managementkonzepte und Technologien gilt [3; 4]. Traditionelle Vorgehensweisen und Planungswerkzeuge erweisen sich zunehmend als ineffizient, zeitaufwendig und unzureichend, um die wachsende Komplexität von Bauprojekten zu bewältigen [3; 5]. Infolgedessen werden die zentralen Herausforderungen der Branche, wie Projektverzögerungen, Kostenüberschreitungen und Kommunikationsdefizite, durch den Einsatz innovativer Lösungen adressiert [1; 6].

Eine umfassende bibliometrische Analyse der CM-Forschung zeigt, dass sich die Wissensdomäne aus Kernthemen wie Risikomanagement, Leistungsmanagement sowie dem Einsatz moderner Technologien zusammensetzt [2; 7]. Dieser Paradigmenwechsel zielt darauf ab, die Wertschöpfung zu steigern, die Effizienz zu verbessern und die Nachhaltigkeit zu fördern, während gleichzeitig mit branchenspezifischen Problemen wie dem Fachkräftemangel umgegangen werden muss [6; 8]. Im Zentrum dieser Transformation stehen vier miteinander verknüpfte Entwicklungslinien, die den aktuellen Stand der Forschung prägen: Building Information Modeling als operatives Rückgrat, prozessuale Optimierungsansätze durch Lean und Agile Methoden, die Disruption durch Technologien wie KI und Blockchain sowie die Etablierung kollaborativer Projektabwicklungsmodelle.

H. Kizil, *Construction Management im Hochbau*, Entwicklung neuer Ansätze zum nachhaltigen Planen und Bauen, https://doi.org/10.1007/978-3-658-51390-0_3

3.1 Methodische Treiber im internationalen Construction Management

3.1.1 Prozessoptimierung durch Lean Construction

Die Auseinandersetzung mit Lean Construction stellt eine fundierte wissenschaftliche und praktische Reaktion auf die persistierenden strukturellen Herausforderungen der Bauwirtschaft dar, zu denen insbesondere die im Branchenvergleich stagnierenden Produktivitätszuwächse, eine mangelnde Prozessstabilität sowie die daraus resultierenden, häufigen Zielverfehlungen bei Kosten und Terminen gehören. Dieser Managementansatz, der seine konzeptionellen Wurzeln in den Prinzipien des Toyota-Produktionssystems hat und durch die grundlegenden Arbeiten von Koskela in den frühen 1990er-Jahren für die spezifischen Rahmenbedingungen des Bauwesens adaptiert wurde, repräsentiert einen Paradigmenwechsel, der über die traditionelle, rein auf die Transformation von Ressourcen fokussierte Sichtweise hinausgeht und stattdessen eine ganzheitliche Optimierung des Wertstroms (*Value Stream*) sowie die konsequente Minimierung jeglicher Form von Verschwendung (*Muda*) in den Mittelpunkt der Betrachtung rückt [9; 10]. Während die fundamentalen Prinzipien wie die präzise Definition des Kundenwerts, die Etablierung eines kontinuierlichen und geglätteten Produktionsflusses (*Flow*) sowie die Implementierung von Pull-Systemen zur bedarfsgerechten Steuerung mittlerweile als etablierter Kanon gelten, hat sich der Fokus der aktuellen wissenschaftlichen Forschung deutlich verschoben und konzentriert sich heute primär auf die empirische Evidenz der Wirksamkeit von Lean-Methoden, die systematische Analyse von Implementierungsbarrieren sowie die Untersuchung der synergetischen Potenziale, die sich aus der Integration mit anderen Managementansätzen ergeben [11; 12] (Abb. 3.1).

Der gegenwärtige Forschungsstand zur Effektivität von Lean Construction liefert durch eine wachsende Zahl von empirischen Studien und systematischen Literaturreviews zunehmend robuste Evidenz für positive Effekte auf die Projektperformance, die sich in konkreten Kennzahlen niederschlagen. Meta-Analysen und detaillierte Fallstudien, wie sie beispielsweise für komplexe Großprojekte im Infrastruktur- und Hochbau durchgeführt wurden, deuten darauf hin, dass die konsequente Anwendung von Lean-Prinzipien zu signifikanten Verbesserungen der Termintreue führen kann, wobei Reduktionen der Projektdauer von bis zu 30% dokumentiert sind, während gleichzeitig eine messbare Reduktion von Nacharbeit und Mängeln um bis zu 50% sowie eine Steigerung der Arbeitsproduktivität erreicht werden können [9; 13]. Die Forschungsergebnisse sind jedoch heterogen und verdeutlichen, dass der Erfolg stark von der Implementierungstiefe und den spezifischen Projektrahmenbedingungen abhängt. Eine der am intensivsten untersuchten und in der Praxis am weitesten verbreiteten Methoden zur Steigerung der Prozessstabilität ist das Last Planner® System (LPS). Aktuelle Studien bestätigen wiederholt, dass durch dessen kollaborative Planungsphilosophie, die auf einer schrittweisen Detaillierung vom Grob- zum Feinplan und der Einbindung der ausführenden Ebene basiert, eine drastische Erhöhung der Zuverlässigkeit von Wochenplanungen erreicht wird, was sich in der

Traditionelle Bauabwicklung

Planung: Sequenziell, siloartig

Kommunikation: Hierarchisch, formal

Fehlerbehandlung: Sanktionierend, schuldzuweisend

Steuerung: Push-System, zentral

Verträge: Adversarial, risikoabwälzend

Optimierung: Reaktiv, lokal

Lean Construction

Planung: Kollaborativ, integriert

Kommunikation: Offen, transparent

Fehlerbehandlung: Lernorientiert, konstruktiv

Steuerung: Pull-System, dezentral

Verträge: Partnerschaftlich, kooperativ

Optimierung: Proaktiv, ganzheitlich

Abb. 3.1 Charakteristika der traditionellen Bauabwicklung vs. Lean Construction in Anlehnung an [9; 10]

Kennzahl des *Percent Plan Complete* (PPC) messen lässt. Während in traditionell gesteuerten Projekten PPC-Werte von unter 50% keine Seltenheit sind, können durch die konsequente Anwendung des LPS Werte von über 80% stabil erreicht werden, was die Vorhersagbarkeit von Prozessen fundamental verbessert [10; 14]. Die Forschung geht mittlerweile jedoch über die reine Erfolgsmessung hinaus und untersucht verstärkt moderierende Variablen wie Führungsstil, Teamstabilität und psychologische Sicherheit, welche die Effektivität des LPS maßgeblich beeinflussen und dessen Grenzen in hochkomplexen Megaprojekten aufzeigen [9; 15] (Abb. 3.2).

Parallel zur Wirkungsanalyse bildet die Untersuchung von Implementierungsbarrieren und kritischen Erfolgsfaktoren einen zweiten zentralen Pfeiler der aktuellen Lean-Forschung, da die praktische Umsetzung in der fragmentierten und oft von konfrontativen Vertragsbeziehungen geprägten Bauindustrie erhebliche Hürden aufweist. Wissenschaftliche Erhebungen, darunter systematische Reviews und Delphi-Studien mit erfahrenen Praktikern, identifizieren wiederkehrend eine Reihe von Haupthindernissen, die sich in kulturelle, organisatorische und prozessuale Barrieren gliedern lassen [11; 16]. Zu den meistgenannten kulturellen Hemmnissen zählen eine tief verankerte Silo-Mentalität, die aus der getrennten Vergabe von Planungs- und Bauleistungen resultiert, ein daraus erwachsendes mangelndes Vertrauen zwischen den Projektpartnern sowie eine fehlende

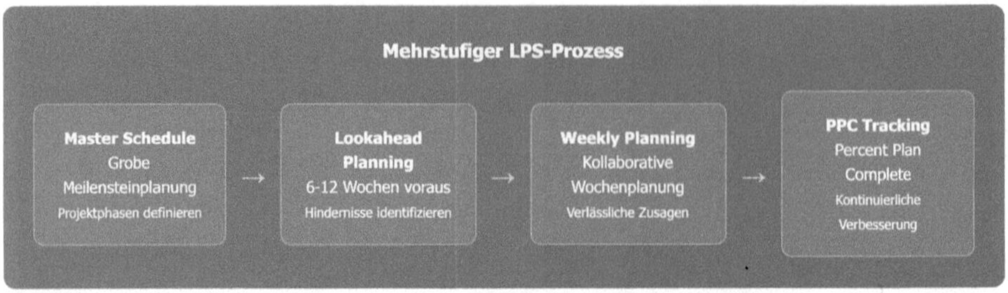

Planungsebene	Zeithorizont	Verantwortliche	Hauptziel	Ergebnis
Master Schedule	Gesamtprojekt	Projektleitung	Meilensteine definieren	Phaseneinteilung
Lookahead Planning	6-12 Wochen	Planer + Ausführende	Hindernisse beseitigen	Ausführungsreife Pakete
Weekly Work Planning	1 Woche	Last Planner (Ausführende)	Verlässliche Zusagen	Detaillierte Wochenplanung
Learning	Kontinuierlich	Gesamtes Team	Prozessverbesserung	PPC-Steigerung

Abb. 3.2 Aufbau des LPS-Prozesses in Anlehnung an [14]

Bereitschaft, Fehler und Prozessstörungen offen als Lernchancen zu kommunizieren, anstatt sie zur Durchsetzung von Claims zu nutzen [15; 17]. Auf organisatorischer Ebene werden insbesondere das Fehlen eines klaren und sichtbaren Management-Commitments auf Auftraggeberseite, eine unzureichende Schulung der Mitarbeitenden in den neuen Methoden und Denkweisen sowie der hohe initiale Kosten- und Zeitaufwand für die Implementierung als kritisch erachtet, ohne dass der finanzielle Nutzen unmittelbar quantifizierbar ist [13; 16]. Darüber hinaus zeigt die Forschung unmissverständlich, dass traditionelle Vertragsmodelle, die auf dem Prinzip des Preiswettbewerbs und der strikten Trennung der Verantwortungsbereiche basieren, die für Lean Construction erforderliche, transparente und gewerkeübergreifende Kollaboration systematisch behindern, weshalb die Entwicklung und Anwendung partnerschaftlicher Projektabwicklungsmodelle wie der IPA als entscheidende Erfolgsfaktoren für eine nachhaltige Lean-Transformation gelten [9; 18].

3.1.2 Kollaborative Vertragsmodelle: Integrierte Projektabwicklung (IPA)

Die Integrierte Projektabwicklung (IPA), im internationalen wissenschaftlichen Diskurs auch als IPD bezeichnet, stellt eine signifikante Weiterentwicklung gegenüber den in Deutschland traditionell vorherrschenden, sequenziellen und oftmals adversarisch geprägten Projektabwicklungsmodellen dar. Im Kern dieses Ansatzes steht die Etablierung einer tiefgreifenden, partnerschaftlichen Projektkultur, die darauf abzielt, die für die Branche charakteristische Fragmentierung durch ein ganzheitliches, kollaboratives System zu überwinden, in welchem der gemeinsame Projekterfolg die Einzelinteressen der Beteiligten überlagert [18; 19]. Theoretisch lässt sich die IPA als ein Projektabwicklungsmodell definieren, das die wesentlichen Akteure – insbesondere Bauherr, zentrale Planer und Schlüsselunternehmer – durch einen einzigen Mehrparteienvertrag sowohl rechtlich als auch organisatorisch bündelt. Diese angestrebte Zusammenarbeit wird durch strategisch miteinander verknüpfte Kernelemente gefördert: eine gemeinschaftliche Tragung von Risiken und Chancen, eine auf den Prinzipien des Lean Construction basierende Prozesssteuerung sowie eine gelebte Kultur des gegenseitigen Vertrauens und der Transparenz [20; 21]. Der entscheidende Unterschied zu konventionellen Modellen, die strukturell häufig eine konfrontative Haltung zur Folge haben, liegt in der bewussten Auflösung dieses systemischen Antagonismus. Anstelle einer späten und primär preisorientierten Einbindung der ausführenden Unternehmen erfolgt eine frühzeitige, kompetenz- und qualitätsbasierte Auswahl der Partner, deren individuelle kommerzielle Interessen durch das gemeinsame Projektziel und darauf ausgerichtete finanzielle Anreizsysteme synchronisiert werden [18; 22].

Das organisatorische und methodische Fundament der IPA wird durch den Mehrparteienvertrag gebildet, der im Gegensatz zu den transaktionalen deutschen Standardwerkverträgen als relationaler Vertrag konzipiert ist und somit weit über eine rein Leistungsbeschreibung hinausgeht, indem er die Beziehungen, Kommunikationsprozesse und Entscheidungsfindungen der Partner flexibel und für die gesamte Projektdauer regelt. Dieses Vertragswerk etabliert eine integrierte Projektorganisation, die darauf abzielt, traditionelle Unternehmensgrenzen und die durch das deutsche HOAI-Phasenmodell geförderten Kommunikationssilos aufzubrechen. Ein zentrales Merkmal dieser Organisation ist die frühzeitige Zusammenführung der Partner in interdisziplinären Teams, die idealerweise in einem gemeinsamen Projektbüro, einem sogenannten „Big Room“, physisch oder virtuell zusammenarbeiten, um eine nahtlose Kollaboration und einen beschleunigten, verlustfreien Informationsfluss sicherzustellen [17; 23]. Entscheidungen werden innerhalb dieser Struktur gemeinschaftlich und konsensorientiert nach dem Prinzip „Best for Project“ getroffen. Methodisch wird diese Arbeitsweise maßgeblich durch digitale Werkzeuge wie BIM und prozessorientierte Ansätze wie Lean Construction flankiert. BIM fungiert hierbei nicht nur als unterstützendes Werkzeug, sondern als unabdingbares operatives Rückgrat und zentrale Informationsplattform („Single Source of Truth“), die den transparenten Datenaustausch und eine integrierte Planung in Echtzeit ermöglicht, was für die gemeinsame Entwicklung optimierter und bautechnisch umsetzbarer Lösungen („Constructability“) unerlässlich ist und als Grundvoraussetzung für eine erfolgreiche IPA-Implementierung gilt [22; 24].

Ein zentraler Mechanismus zur Synchronisierung der Partnerinteressen ist das Vergütungsmodell, das im Gegensatz zu den in Deutschland üblichen Pauschal- oder Einheitspreisverträgen auf vollständiger Kostentransparenz nach dem „Open-Book“-Prinzip und einem gemeinsamen Anreizsystem aufbaut. In der Regel wird ein Zielkostenvertrag etabliert, bei dem das gesamte IPA-Team gemeinsam einen Zielpreis ermittelt, der die prognostizierten direkten Projektkosten sowie die vorab offengelegten Gemeinkosten und den Gewinn der Partner umfasst [24; 25]. Die entscheidende verhaltenssteuernde Lenkungswirkung entfaltet das „Shared Risk/Reward“-System, bei dem finanzielle Anreize direkt

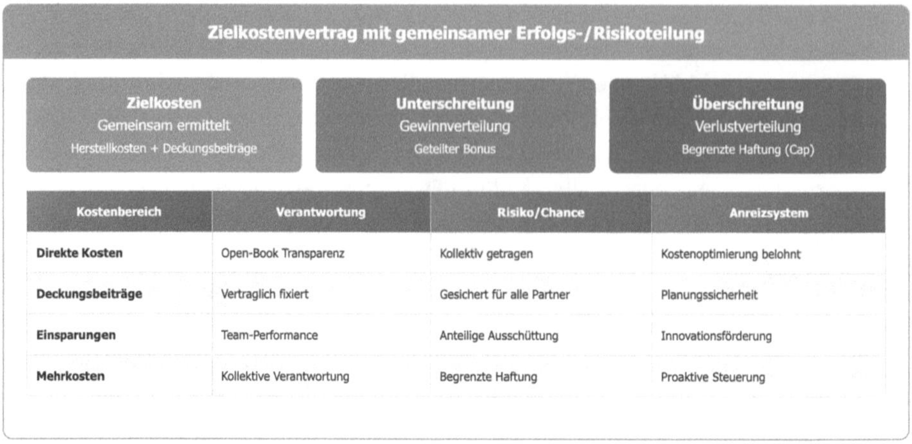

Abb. 3.3 Das Vergütungsmodell innerhalb der IPA in Anlehnung an [18; 24]

an das Erreichen der übergeordneten Projektziele geknüpft sind: Werden die Zielkosten unterschritten, teilt das gesamte Team den erzielten Gewinn nach einem zuvor festgelegten Schlüssel. Bei einer Überschreitung wird der Verlust ebenfalls gemeinschaftlich getragen, wobei die Haftung der Partner üblicherweise auf eine vorab definierte Obergrenze („Cap"), die oftmals dem potenziellen Profit entspricht, beschränkt ist. Dieser Ansatz soll eine Abkehr vom Nullsummenspiel traditioneller Verträge bewirken, bei dem Claim-Management eine legitime Strategie zur Gewinnmaximierung darstellt, und stattdessen ein Umfeld schaffen, in dem alle Beteiligten intrinsisch motiviert sind, proaktiv zur Risikominimierung und Wertschöpfung beizutragen [23; 26]. Diese auf Vertrauen basierende Zusammenarbeit erfordert von den beteiligten Personen, insbesondere im Projektmanagement, ausgeprägte soziale Kompetenzen wie Konfliktmanagement und die Fähigkeit, unterschiedliche Perspektiven zu integrieren und zu moderieren (Abb. 3.3).

Obwohl die theoretischen Vorteile der IPA umfassend dokumentiert sind, befindet sich die praktische Anwendung im deutschsprachigen Raum noch in einem frühen Stadium und wird primär in komplexen Pilotprojekten erprobt, die oftmals von innovationsbereiten öffentlichen und privaten Auftraggebern initiiert werden. Empirische Studien aus dem internationalen Raum, beispielsweise aus Norwegen und dem Vereinigten Königreich, liefern zwar Evidenz für die Wirksamkeit des Modells, zeigen jedoch auch deutlich die Diskrepanz zwischen dem Idealmodell („State of the Art") und der gelebten Praxis („State of Practice") auf [19; 23]. So konnte in einer norwegischen Fallstudie eine verbesserte Zusammenarbeit und eine höhere Baubarkeit der Entwürfe nachgewiesen werden, gleichzeitig wurden jedoch Herausforderungen bei der realistischen Zielkostenermittlung in frühen Phasen und bei der Steuerung großer, heterogener Teams identifiziert [23; 27]. Eine Untersuchung im britischen Kontext kam zu dem Ergebnis, dass trotz der Anwendung kollaborativer Vertragselemente die tief verankerten kommerziellen Praktiken und die adversarische Kultur der Branche eine vollständige Implementierung und damit die Entfaltung des vollen Potenzials der IPA behindern [19; 20]. Diese Erkenntnisse sind für den deutschen Kontext von hoher Relevanz, da sie darauf hindeuten, dass die erfolgreiche Umsetzung weit mehr als nur eine juristisch innovative Vertragsgestaltung erfordert, sondern einen tiefgreifenden Wandel der etablierten Verhaltens- und Denkweisen voraussetzt.

Die Implementierung der Integrierten Projektabwicklung stößt in der deutschen Praxis auf vielfältige, tief verwurzelte Barrieren, die sowohl rechtlicher, kultureller als auch organisatorischer Natur sind und oftmals eine graduelle, evolutionäre Anpassung des Modells erfordern können [21; 28]. Eine der größten Hürden, insbesondere für Projekte der öffentlichen Hand, stellt das deutsche Vergaberecht dar, dessen formale und auf den Preiswettbewerb ausgerichtete Anforderungen sich nur schwer mit dem qualitätsbasierten und dialogischen Auswahlprozess der IPA-Partner in Einklang bringen lassen. Der Grundsatz des Wettbewerbs und der Gleichbehandlung aller Bieter erschwert eine frühe, verbindliche Festlegung auf ein Kernteam, da dies als unzulässige Wettbewerbsbeschränkung ausgelegt werden könnte. Darüber hinaus erfordert die Einführung der IPA eine tiefgreifende organisationale Veränderung, die auf erhebliche Widerstände stoßen kann, da etablierte Rollenbilder und Verantwortlichkeiten infrage gestellt werden [29; 30]. Die Forschung hebt hierbei kulturelle Faktoren wie eine mangelnde Veränderungsbereitschaft, fehlendes Vertrauen und unzureichende, nicht transparente Kommunikation als kritische Hemmnisse hervor [26; 30]. Ohne einen Wandel hin zu einer offenen, fehlerfreundlichen und partnerschaftlichen Kultur, die im Widerspruch zur traditionellen, auf klare Haftungsabgrenzung bedachten deutschen Baupraxis steht, bleibt das Potenzial der IPA ungenutzt. Des Weiteren mangelt es häufig an den notwendigen Kompetenzen im Umgang mit Mehrparteienverträgen und an dem Verständnis für die neuen Rollen und Prozesse, was die Notwendigkeit gezielter Schulungsprogramme unterstreicht [17; 20].

Zusammenfassend lässt sich festhalten, dass die Integrierte Projektabwicklung ein theoretisch schlüssiges und potenziell wirkungsvolles Modell darstellt, um der systemischen Fragmentierung und den adversen Beziehungsmustern der deutschen Bauindustrie entgegenzuwirken. Die Prinzipien der frühen Integration, der gemeinsamen Risikotragung und der transparenten Kollaboration versprechen signifikante Verbesserungen in Bezug auf Kosten-, Termin- und Qualitätsziele, was durch internationale Fallstudien und eine wachsende Zahl an deutschen Pilotprojekten zunehmend empirisch untermauert wird [18; 23]. Dennoch zeigt die Analyse der praktischen Umsetzung, dass der Transfer dieses anspruchsvollen Modells in die etablierten Strukturen der Branche eine immense Herausforderung darstellt. Die Diskrepanz zwischen dem Idealmodell und der gelebten Praxis wird durch die rigiden rechtlichen Rahmenbedingungen des Vergabe- und Vertragsrechts, festgefahrene Unternehmenskulturen und tradierte kommerzielle Verhaltensweisen verursacht. Der zukünftige Erfolg der IPA in Deutschland hängt somit entscheidend davon ab, ob es gelingt, nicht nur innovative Vertragsstrukturen zu etablieren, sondern auch einen tiefgreifenden Kulturwandel herbeizuführen, der von allen Akteuren – von Auftraggebern über Planer und ausführende Firmen bis hin zu Nachunternehmern – mitgetragen wird und die Zusammenarbeit über alle Phasen des Projektlebenszyklus in den Mittelpunkt stellt, beispielsweise zur frühzeitigen Integration von Sicherheitsaspekten bereits im Entwurf (Prevention through Design) [28; 31].

3.2 Technologische Treiber der Digitalisierung im Construction Management

3.2.1 BIM als operatives Rückgrat

Im Kontext der digitalen Transformation des Bauwesens hat sich BIM als ein zentrales methodisches Paradigma und als operatives informationstechnisches Rückgrat der Architektur-, Ingenieur- und Baubranche etabliert, dessen Potenzial weit über die reine Erstellung eines dreidimensionalen Gebäudemodells hinausreicht [3; 4]. In der aktuellen wissenschaftlichen und normativen Auseinandersetzung wird BIM nicht mehr als isoliertes Software-Werkzeug, sondern als ein umfassender, prozessorientierter Ansatz für das Informationsmanagement über den gesamten Lebenszyklus eines Bauwerks verstanden, der als gemeinsame Wissensressource und zentrale Datenbank für alle Projektbeteiligten dient [3; 4]. Um die mit dieser Methode verbundenen Potenziale zur Effizienz- und Qualitätssteigerung systematisch zu heben, bedarf es jedoch eines standardisierten Rahmens, der in Deutschland maßgeblich durch die internationale Normenreihe DIN EN ISO 19650 sowie die nationale Richtlinienreihe VDI 2552 geschaffen wird. Die DIN EN ISO 19650 definiert die grundlegenden Konzepte und Prinzipien für das Informationsmanagement mit BIM und etabliert einen international anerkannten Prozess zur Spezifikation, Bereitstellung und Verwaltung von Informationen. Sie führt hierzu zentrale Begriffe wie die Auftraggeber-Informationsanforderungen (AIA) und den BIM-Abwicklungsplan (BAP) ein und definiert klare Rollenbilder wie den BIM-Manager und den BIM-Koordinator. Diese normativen Vorgaben sind entscheidend, um eine Common Data Environment (CDE), also eine gemeinsame Datenumgebung, nicht nur als reinen Datenspeicher, sondern als prozessgesteuerte Kollaborationsplattform zu implementieren, die eine verlässliche „Single Source of Truth" gewährleistet und somit die Datenkonsistenz über alle Projektphasen hinweg sicherstellt [3; 32].

Die operative Stärke der BIM-Methodik manifestiert sich insbesondere durch die sogenannte nD-Modellierung, bei der das geometrische 3D-Modell systematisch um weitere, für das Management relevante Informationsdimensionen angereichert wird. Die Hinzufügung von Zeit- und Planungsinformationen führt zur Entstehung eines 4D-Modells, welches die visuelle Simulation von Bauabläufen ermöglicht und somit weit über einen traditionellen Balkenplan hinausgeht [33; 34]. Mithilfe von 4D-Simulationen können nicht nur logistische Abläufe optimiert, sondern auch zeitliche Kollisionen zwischen verschiedenen Gewerken und Bauprozessen frühzeitig identifiziert und vermieden werden, was eine direkte Unterstützung für prozessorientierte Methoden wie das Lean Construction darstellt. Die nächste Stufe, das 5D-Modell, entsteht durch die Verknüpfung der digitalen Bauteil-Objekte mit Kosteninformationen, die aus der Kalkulation abgeleitet werden

[33; 35]. Diese Integration erlaubt eine dynamische und transparente Kostenverfolgung, bei der die finanziellen Auswirkungen von Planungsänderungen nahezu in Echtzeit ermittelt und bewertet werden können, was eine signifikante Verbesserung gegenüber der oft zeitverzögerten und manuellen Kostenkontrolle darstellt. Darüber hinaus erweitert die nD-Modellierung den Fokus auf den gesamten Gebäudelebenszyklus, indem beispielsweise im 6D-Modell Informationen für das Facility Management, wie Wartungsintervalle oder technische Spezifikationen, und im 7D-Modell Nachhaltigkeitsaspekte wie der Energieverbrauch oder die Ökobilanz von Baustoffen integriert werden, was wiederum die Grundlage für Lebenszykluskostenanalysen und Nachhaltigkeitszertifizierungen bildet [32; 33]. Diese umfassende Integration von Informationen macht BIM zu einem leistungsstarken Steuerungsinstrument, das eine datengestützte und vorausschauende Entscheidungsfindung unterstützt.

Um das volle Potenzial von BIM als zentraler Informationsplattform auszuschöpfen, ist dessen technologische Integration in ein umfassenderes digitales Ökosystem von entscheidender Bedeutung, wobei die Verbindung mit Methoden der Realitätserfassung eine besondere Rolle spielt. Eine Schlüsseltechnologie ist hierbei das terrestrische Laserscanning (TLS), das in den Ansätzen „Scan-to-BIM“ und „Scan-vs-BIM“ Anwendung findet. Beim „Scan-to-BIM“ wird mittels TLS eine hochpräzise Punktwolke eines bestehenden Gebäudes erzeugt, die als verformungsgerechte Grundlage für die Erstellung eines exakten digitalen Zwillings im Bestand dient, was insbesondere bei komplexen Sanierungs- und Umbauprojekten von erheblichem Wert ist [36; 37]. Der „Scan-vs-BIM“-Ansatz hingegen nutzt regelmäßig erfasste Punktwolken des Baufortschritts, um diese automatisiert mit dem Soll-Zustand des BIM-Modells abzugleichen [36; 38]. Diese Methode ermöglicht eine hocheffiziente und objektive Qualitäts- und Fortschrittskontrolle, bei der Abweichungen von den geplanten Toleranzen frühzeitig erkannt werden. Darüber hinaus wird die Leistungsfähigkeit von BIM durch die Verbindung mit Cloud-Computing-Plattformen, welche die technische Basis für die CDE bilden, erheblich gesteigert [33; 39]. Diese Integration erlaubt es den Projektbeteiligten, standortunabhängig und in Echtzeit auf das zentrale BIM-Modell zuzugreifen, es zu bearbeiten und Informationen auszutauschen, was insbesondere in verteilten Projektteams von großer Bedeutung ist und die Grundlage für die in der Normenreihe DIN EN ISO 19650 definierten kollaborativen Arbeitsprozesse schafft.

3.2.2 Technologische Disruption: KI, IoT und Blockchain im operativen Einsatz

Eine weitere zentrale Entwicklungslinie im modernen Construction Management manifestiert sich im synergetischen Zusammenwirken von Technologien wie dem Internet der Dinge (IoT), der KI und der Blockchain-Technologie (BCT). Das Internet der Dinge ermöglicht die Transformation der physischen Baustelle in ein intelligentes, datengenerierendes Ökosystem, indem durch den Einsatz von Sensoren und vernetzten Geräten, die beispielsweise in Baumaschinen, Materialien oder der Bauumgebung selbst implementiert sind, ein kontinuierlicher Strom von Echtzeitdaten erzeugt wird [40; 41]. Diese Daten, die von der exakten Position von Bauteilen mittels RFID-Tags über die Auslastung von Baumaschinen durch GPS-Tracking bis hin zu Umgebungsbedingungen wie der Betontemperatur während des Aushärtungsprozesses reichen, bilden die unabdingbare Voraussetzung für eine präzise und aktuelle Informationsgrundlage, die eine proaktive Steuerung von Prozessen ermöglicht [41; 42]. Diese datengestützte Transparenz adressiert das in der Bauwirtschaft weitverbreitete Problem der Informationsasymmetrie und bildet zugleich den Nährboden für die Anwendung von künstlicher Intelligenz, welche die gewonnenen Datenmengen nicht nur verwaltet, sondern sie analysiert und in handlungsrelevante, vorausschauende Erkenntnisse umwandelt, um so die Effizienz und Nachhaltigkeit im Bauwesen zu steigern [43; 44]. Die Verknüpfung von IoT-Daten mit dem BIM-Modell schafft einen dynamischen digitalen Zwilling, der den aktuellen Zustand des realen Bauwerks widerspiegelt und somit als Basis für simulationsgestützte Prognosen und ein optimiertes Management dient.

Künstliche Intelligenz und ihre vielfältigen Teilbereiche, insbesondere maschinelles Lernen (ML) und Deep Learning (DL), fungieren als entscheidende Katalysatoren, um die im Bauwesen anfallenden, gewaltigen und oft unstrukturierten Datenmengen gewinnbringend zu nutzen und operative Prozesse zu optimieren [45; 46]. Im Kern ermöglichen KI-Algorithmen die Erkennung von Mustern in historischen und aktuellen Projektdaten, um präzise Vorhersagen zu treffen und somit die Entscheidungsfindung auf eine datenbasierte Grundlage zu stellen [47; 48]. Ein besonders potenter Anwendungsbereich ist das prädiktive Risikomanagement, bei dem ML-Modelle auf Basis der Daten abgeschlossener Projekte trainiert werden, um Muster zu identifizieren, die mit Terminverzögerungen oder Kostenüberschreitungen korrelieren, und so für aktuelle Vorhaben eine probabilistische Risikobewertung zu ermöglichen [47; 49]. Andere Anwendungsfelder umfassen die automatisierte Auswertung von Baustellenbildern zur Überwachung der Arbeitssicherheit oder die intelligente Analyse von Vertragsdokumenten und Normen mittels Retrieval-Augmented Generation (RAG), um komplexe Fragestellungen schnell zu beantworten [50; 51]. Die Herausforderungen bei der Implementierung sind jedoch beträchtlich und umfassen nicht nur hohe Anfangsinvestitionen und Fragen der Datenqualität und -sicherheit, sondern auch den Mangel an Fachkräften sowie eine in der Branche tief verwurzelte kulturelle Resistenz gegenüber technologischen Neuerungen, wie sie auch in den Experteninterviews bestätigt wurde [46; 47]. Ein erfolgreicher Wandel erfordert daher eine umfassende, strategische Herangehensweise, die über die reine Technologieimplementierung hinausgeht und einen tiefgreifenden organisatorischen Wandel anstößt [52; 53].

Während IoT die Datenerfassung und KI die Datenanalyse unterstützen, adressiert die BCT fundamentale Herausforderungen der Baubranche in den Bereichen Vertrauen, Transparenz und Revisionssicherheit. Die Blockchain fungiert als ein dezentralisierter und verteilter Datenspeicher, in dem Informationen über jede Transaktion kryptografisch gesichert und unveränderlich aufgezeichnet werden, sodass sie von allen autorisierten Netzwerkmitgliedern eingesehen, aber nachträglich nicht mehr manipuliert werden können

[54; 55]. Diese Eigenschaft ist in einem durch Misstrauen und Streitigkeiten geprägten Umfeld von erheblichem Wert, da sie einen fälschungssicheren Nachweis für kritische Projektvorgänge wie Planfreigaben, Mängelrügen oder Materiallieferungen schaffen kann. Das größte operative Potenzial wird jedoch den sogenannten Smart Contracts zugeschrieben, bei denen es sich um auf der Blockchain hinterlegte, selbstausführende Vertragsprotokolle handelt [54; 55]. Beispielsweise kann ein Smart Contract eine Zahlung an einen Subunternehmer automatisch freigeben, sobald eine vordefinierte Bedingung – etwa die Fertigstellung eines Gewerks, verifiziert durch einen automatisierten Scan-vs-BIM-Abgleich – erfüllt ist. Trotz dieser Potenziale stehen einer breiten Anwendung noch erhebliche rechtliche und praktische Hürden im Weg. Die starre Logik selbstausführender Codes ist nur schwer mit den differenzierten Regelungen des deutschen Vertragsrechts (BGB, VOB/B) vereinbar, die eine richterliche Inhaltskontrolle und flexible Mechanismen zur Handhabung von Leistungsstörungen vorsehen. Zudem stößt die für Smart Contracts erforderliche Transparenz, wie sie auch in den Experteninterviews zum Ausdruck kam, auf erhebliche Skepsis, was die Notwendigkeit robuster Governance-Strukturen und einer schrittweisen, auf klar definierte Anwendungsfälle beschränkten Einführung unterstreicht [52; 54].

3.3 Übertragungspotenziale für das deutsche CM-Leistungsbild

Die im internationalen Forschungsstand dargelegte technologische und prozessuale Evolution offenbart eine tiefgreifende Transformation des Construction Managements, die, maßgeblich von der Digitalisierung vorangetrieben, eine sorgfältige strategische Planung erfordert, um nachhaltige Effizienzen zu realisieren [52; 56]. Die effektive Nutzung von KI-gestützten Big-Data-Analysen zur Optimierung der operationellen Leistung von Gebäuden [47; 56] sowie die Implementierung kollaborativer und prozessorientierter Methoden stehen dabei im Zentrum der globalen Diskussion. Diese Entwicklungen befinden sich in einem teils spannungsreichen, teils synergetischen Verhältnis zu den etablierten Strukturen der Projektsteuerung im deutschen Bauwesen, wie sie insbesondere durch die Leistungsbilder des Ausschusses der Verbände und Kammern der Ingenieure und Architekten für die Honorarordnung e. V. (AHO) definiert sind. Während die AHO-Systematik einen bewährten und rechtssicheren Rahmen bietet, basieren die internationalen Trends auf einer fundamentalen Neuausrichtung von Zusammenarbeit, Datenmanagement und Steuerungsprozessen. Eine unreflektierte Übertragung dieser Ansätze ist aufgrund der spezifischen rechtlichen und kulturellen Rahmenbedingungen, wie sie in der Forschungslücke dargelegt wurden, nicht zielführend. Vielmehr liegt das Potenzial in einer kritischen Synthese und gezielten Adaption. Die nachfolgende Analyse verfolgt daher das Ziel, die zentralen internationalen Ansätze strukturiert auszuwerten, ihre Grenzen kritisch zu reflektieren und daraus systematisch Übertragungspotenziale für die Handlungsbereiche A und E des AHO-Leistungsbildes abzuleiten, um so ein modernes Construction Management im deutschen Kontext zu schärfen und zu operationalisieren.

3.3.1 Analyse der Potenziale für AHO-Handlungsbereich A

Der Handlungsbereich A bildet traditionell das organisatorische Rückgrat der Projektsteuerung nach AHO, indem er die strukturellen und kommunikativen Rahmenbedingungen eines Projekts definiert. Die internationale Forschung zu kollaborativen Projektabwicklungsmodellen wie der IPA, im internationalen Kontext auch als Integrated IPD bekannt, stellt jedoch die in Deutschland oft gelebte Praxis einer in Stabsfunktion agierenden, primär berichtenden Projektsteuerung grundlegend infrage. Kern der IPA ist ein Mehrparteienvertrag, der die Schlüsselpartner frühzeitig bündelt und ihre Interessen durch gemeinsame Ziele synchronisiert [19; 22]. An die Stelle starrer, hierarchischer Strukturen treten dynamische, auf gemeinsamen Zielen und vertrauensbasierter Zusammenarbeit beruhende Organisationsformen [19; 20]. Für ein deutsches Construction Management bedeutet die Übertragung dieses Gedankens eine fundamentale Rollenverschiebung: Statt lediglich einen Organisationsplan zu überwachen (Grundleistung A.9), wird der Construction Manager zum aktiven Gestalter und Moderator eines kollaborativen Prozesses in interdisziplinären Teams, die idealerweise in einem gemeinsamen Projektbüro, einem sogenannten „Big Room", arbeiten, um eine nahtlose Kollaboration und einen beschleunigten Informationsfluss sicherzustellen [17; 23]. Er übernimmt somit eine integrierende Führungsrolle, die weit über die reine Koordination hinausgeht.

Die Grenzen dieses Ansatzes für den deutschen Kontext dürfen jedoch nicht außer Acht gelassen werden. Eine der größten Hürden stellt das deutsche Vergaberecht dar, dessen formale und wettbewerbsorientierte Anforderungen sich nur schwer mit dem qualitätsbasierten und dialogischen Auswahlprozess der IPA-Partner in Einklang bringen lassen, insbesondere im öffentlichen Sektor. Darüber hinaus erfordert die Einführung der IPA eine tiefgreifende organisationale Veränderung, die auf erhebliche kulturelle Widerstände stoßen kann [29; 30]. Die Forschung hebt hierbei Faktoren wie eine tief verankerte Silo-Mentalität, mangelndes Vertrauen zwischen den Projektpartnern und die fehlende Bereitschaft, Fehler offen als Lernchancen zu kommunizieren, als kritische Hemmnisse hervor [15; 30]. Dennoch liegt gerade in der Auseinandersetzung mit diesen Grenzen das Potenzial für die Entwicklung eines hybriden deutschen CM-Modells. Anstatt eine vollständige IPA zu implementieren, sollte das übertragbare Kernelement die vertraglich fixierte, frühzeitige Etablierung einer integrativen Projektorganisation sein. Dies würde die AHO-Grundleistung der Koordination (A.5) von einer reaktiven zu einer proaktiven Steuerungsaufgabe transformieren, indem Ausführungsexpertise bereits in den frühen Planungsphasen verbindlich eingebunden wird, ohne die bewährten Vertragsstrukturen vollständig aufzugeben (Abb. 3.4).

Ein weiterer methodischer Treiber, der den Handlungsbereich A revolutionieren kann, ist Lean Construction. Dieser Ansatz zielt auf die konsequente Minimierung von Verschwendung und die Schaffung eines kontinuierlichen Wertstroms ab [9; 10]. Methoden wie das Last Planner® System (LPS) verbessern durch eine kollaborative und vorausschauende Produktionsplanung nachweislich die Termin- und Prozesssicherheit, was sich direkt auf die AHO-Leistungen zur Terminsteuerung auswirkt [11; 14]. Für den

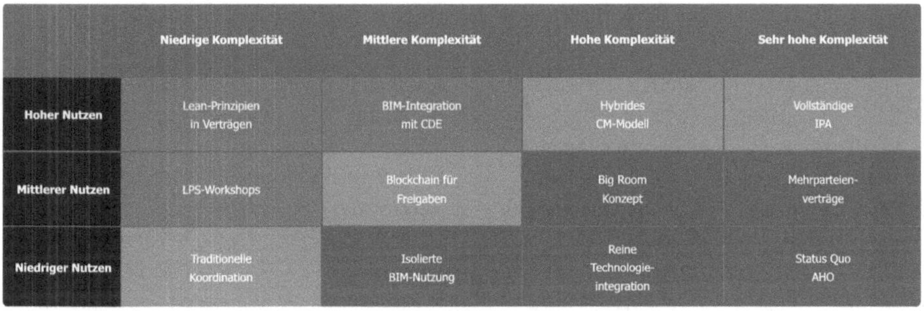

Abb. 3.4 Komplexitäts-Nutzen-Matrix für den Handlungsbereich A der AHO. (Eigene Darstellung)

Construction Manager bedeutet dies eine massive Aufwertung seiner Rolle: Statt nur Terminpläne zu erstellen und zu kontrollieren, wie es die AHO vorsieht, gestaltet er aktiv den Produktionsprozess auf der Baustelle. Er moderiert kollaborative Planungsworkshops mit den ausführenden Firmen, fördert eine Kultur der zuverlässigen Zusagen und nutzt Kennzahlen wie den „Percent Plan Complete" (PPC) zur faktenbasierten Analyse von Prozessstörungen. Die AHO-Grundleistungen der Koordination der Beteiligten (A.5) und der Organisation des Berichtswesens (A.6) werden so mit operativen Methoden der Prozesssteuerung angereichert, die auf kontinuierlicher Verbesserung im Sinne des Kaizen-Gedankens basieren und eine stabile Produktion ermöglichen.

Die kritische Reflexion zeigt jedoch, dass die praktische Umsetzung von Lean Construction in der fragmentierten und oft von konfrontativen Vertragsbeziehungen geprägten deutschen Bauindustrie erhebliche Hürden aufweist. Wissenschaftliche Erhebungen identifizieren wiederkehrend kulturelle Hemmnisse wie mangelndes Vertrauen und die fehlende Bereitschaft zur transparenten Kommunikation als Haupthindernisse [11; 15]. Der Erfolg scheitert oft nicht an der Methode selbst, sondern am fehlenden Management-Commitment und an traditionellen Vertragsmodellen, die eine kooperative Zusammenarbeit systematisch behindern [9; 13]. Für das zu entwickelnde CM-Leistungsbild bedeutet dies, dass Lean-Prinzipien nicht als isoliertes Werkzeug eingeführt werden dürfen. Sie müssen vielmehr als integraler Bestandteil der Projektkultur vertraglich verankert werden. Dies könnte beispielsweise durch die Verpflichtung aller wesentlichen Partner zur Teilnahme an LPS-Planungssitzungen und zur transparenten Offenlegung von Prozesskennzahlen geschehen. Somit wird sichergestellt, dass die Philosophie des Lean Managements über Lippenbekenntnisse hinausgeht und zu einem wirksamen Instrument der operativen Steuerung im Handlungsbereich A wird.

Auf technologischer Ebene erfährt der Handlungsbereich A eine ebenso tiefgreifende Revolution durch die synergetische Kombination der Technologien BIM, CDE und Blockchain. Während die im AHO-Leistungsbild verankerten Leistungen zur Sicherstellung des Informationsflusses (Grundleistung A.11) häufig noch auf dem Austausch separater, dokumentenbasierter Informationen beruhen, ersetzt die BIM-Methodik diesen fragmen-

Tab. 3.1 Grundleistungen des Handlungsbereichs A in einem CM-Leistungsbild in Anlehnung an [57]

AHO-Grundleistung	Traditioneller Ansatz (reaktiv)	CM-Leistungsbild (proaktiv)	Methodische Unterstützung
A.5 – Koordination der Beteiligten	Überwachung und Berichterstattung	Aktive Moderation kollaborativer Prozesse	IPA-Prinzipien, Big Room Konzept
A.6 – Organisation Berichtswesen	Dokumentenbasierte Berichte	Echtzeit-Dashboard mit KPIs	CDE, BIM-Integration
A.9 – Organisationsplan	Statische Planüberwachung	Dynamische Prozessgestaltung	Last Planner® System
A.11 – Informationsfluss	Separate, dokumentenbasiert	Integriert, objektbasiert	BIM als Single Source of Truth

tierten Ansatz durch ein zentrales, objektorientiertes Informationsmodell als „Single Source of Truth" [3; 4]. Die technologische Basis hierfür liefert ein CDE, das als zentrale Plattform den Informationsaustausch in Echtzeit ermöglicht und somit die Kollaboration in verteilten Teams sicherstellt [39; 46]. Die Blockchain-Technologie ergänzt dieses System um die entscheidende Komponente der Vertrauenswürdigkeit, indem sie durch die dezentrale und unveränderliche Speicherung von Transaktionen und Freigaben eine manipulationssichere Dokumentationshistorie erzeugt [54; 55]. Die Kombination dieser Technologien erfüllt die AHO-Anforderungen an Information und Dokumentation nicht nur weitaus effizienter, sondern verbessert deren Qualität fundamental, indem sie einen automatisierten, transparenten und nachvollziehbaren Informationsfluss schafft (Tab. 3.1).

Die Implementierung dieser Technologien ist jedoch mit erheblichen Herausforderungen verbunden, die bei der Übertragung in ein deutsches CM-Leistungsbild berücksichtigt werden müssen. Zu den größten Hürden zählen hohe Anfangsinvestitionen in Hard- und Software, komplexe Fragen der technologischen Interoperabilität zwischen den Systemen der verschiedenen Projektpartner sowie Aspekte der Datensicherheit und des Datenschutzes [46; 47]. Darüber hinaus besteht ein signifikanter Mangel an Fachkräften, die sowohl über das bautechnische als auch das digitale Know-how verfügen, um diese Werkzeuge effektiv zu nutzen [47; 52]. Für die Entwicklung des CM-Leistungsbildes bedeutet dies, dass die Anforderung zur Nutzung von BIM auf einem CDE nicht nur technisch, sondern auch organisatorisch spezifiziert werden muss. Es müssen klare Standards für den Datenaustausch, detaillierte BIM-Abwicklungspläne und definierte Rollen und Verantwortlichkeiten für das Datenmanagement festgelegt werden. Die Blockchain-Technologie sollte dabei zunächst nicht als allumfassende Lösung, sondern gezielt zur Absicherung kritischer Prozesse wie Freigaben oder der Dokumentation von Mängeln eingesetzt werden, um die Akzeptanz zu erhöhen und die rechtlichen Unsicherheiten zu minimieren.

3.3.2 Analyse der Potenziale für AHO-Handlungsbereich E

Der Handlungsbereich E, der sich mit den kommerziellen und rechtlichen Aspekten der Projektrealisierung befasst, erfährt durch die Integration moderner Ansätze eine fundamentale Neuausrichtung. Traditionell agiert die Projektsteuerung hier in einer unterstützenden, beratenden Rolle bei der Vergabe und der Prüfung von Nachträgen, während die finale Entscheidungsgewalt und das volle Risiko beim Auftraggeber verbleiben. Kollaborative Vertragsmodelle wie die IPA hebeln diese adversarische Logik jedoch durch „Shared Risk/Reward"-Systeme aus, die die Schlüsselpartner an ein gemeinsames Projektziel binden [24; 25]. Für den Handlungsbereich E bedeutet dies einen Wandel von der reinen Verwaltung einzelner Verträge hin zur strategischen Gestaltung einer Projektallianz, bei der kommerzielle Interessen proaktiv synchronisiert werden. Die AHO-Grundleistung der Mitwirkung bei der Vergabe (E.3, E.8) wird von einem preisgetriebenen Wettbewerb zu einer qualitätsorientierten, frühen Partnerauswahl transformiert. Dies ermöglicht die Integration von Ausführungskompetenz bereits in der Planung, was zu optimierten Lösungen führt und das Potenzial für spätere, kostspielige Nachträge erheblich reduziert [52; 58] (Abb. 3.5).

Die kritische Analyse offenbart jedoch auch hier signifikante Implementierungshürden. Das Vergütungsmodell der IPA, das auf einem Zielkostenvertrag und dem „Open-Book-Prinzip" basiert, erfordert ein Höchstmaß an Transparenz und Vertrauen, was in der deutschen Bauwirtschaft, die oft von Misstrauen und konfrontativen Claim-Strategien geprägt ist, auf erhebliche Widerstände stoßen kann [19; 20]. Zudem ist die rechtssichere Ausgestaltung von Mehrparteienverträgen mit gemeinsamen Risikopools, die mit dem deutschen Werkvertrags- und Haftungsrecht kompatibel sind, äußerst komplex [18; 21]. Eine unreflektierte Übertragung des vollständigen IPA-Modells wäre daher für die meisten Projekte zu risikoreich und praxisfern. Das übertragbare Potenzial für ein deutsches CM-Leistungsbild liegt vielmehr in der Adaption einzelner Kernelemente. Anstatt eines komplexen Mehrparteienvertrags könnten in den Einzelverträgen Bonus-Malus-Regelungen verankert werden, die an gemeinsame Projektziele wie Termintreue oder die Einhaltung

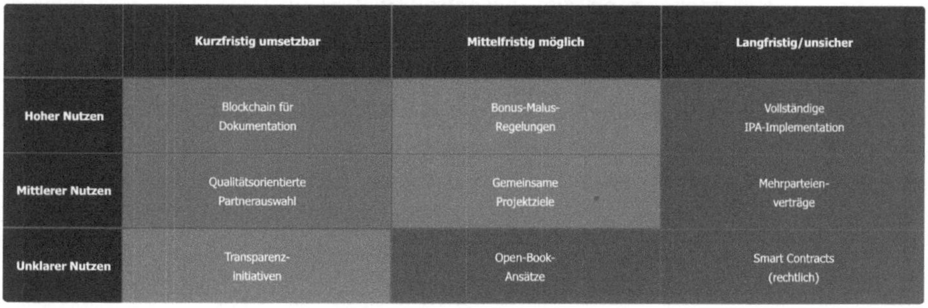

Abb. 3.5 Umsetzbarkeits-Nutzen-Matrix für den Handlungsbereich E der AHO. (Eigene Darstellung)

Tab. 3.2 Grundleistung des Handlungsbereichs E im Rahmen eines CM-Leistungsbildes in Anlehnung an [57]

AHO-Grundleistung	Traditioneller Ansatz	Transformierter CM-Ansatz	Technologische Unterstützung
E.3 – Mitwirkung bei Vergabe	Preisgetriebene Ausschreibung	Qualitätsorientierte, frühe Partnerauswahl	Blockchain-basierte Bewertung
E.8 – Mitwirkung bei Vergabe AN	Formale Prüfung der Angebote	Strategische Allianzbildung	KI-unterstützte Partnerbewertung
Nachtragsprüfung	Manuelle Dokumentenprüfung	Datengestützte, automatisierte Verifikation	Smart Contract-Elemente
Rechnungsprüfung	Administrative Kontrolle	Echtzeitbasierte Leistungsverifikation	IoT + BIM-Integration
Risikomanagement	Individuelle Risikobetrachtung	Gemeinsame Risiko-/Chancensteuerung	Blockchain-Risikodokumentation

von Qualitätsstandards gekoppelt sind. Somit würde der Handlungsbereich E von einer rein administrativen Funktion zu einem strategischen Instrument zur Schaffung einer partnerschaftlichen Projektkultur weiterentwickelt, ohne die bewährten rechtlichen Strukturen vollständig aufgeben zu müssen.

Diese prozessuale Neuausrichtung im Handlungsbereich E wird durch technologische Innovationen wie die Blockchain und darauf aufbauende Smart Contracts entscheidend verstärkt. Während die traditionelle Abarbeitung des Handlungsbereichs E auf der manuellen Prüfung von Dokumenten beruht, schafft die Blockchain eine dezentrale, unveränderliche und für alle Partner transparente Datengrundlage [54; 55]. Das größte transformative Potenzial entfalten jedoch Smart Contracts, welche die Ausführung von Vertragsregeln automatisieren. Beispielsweise könnte eine Zahlung an einen Nachunternehmer automatisch ausgelöst werden, sobald die Fertigstellung eines Gewerks durch IoT-Sensoren oder einen digitalen Abgleich im BIM-Modell (Scan-vs-BIM) verifiziert wurde [36; 54]. Diese Automatisierung, basierend auf präzisen Echtzeitdaten [40; 41], würde die manuelle Rechnungsprüfung ersetzen und die im AHO-Leistungsbild geforderte Nachvollziehbarkeit auf ein neues Level der Vertrauenswürdigkeit heben, wodurch der Handlungsbereich E von einer administrativen Kontrollfunktion zu einem strategischen Instrument zur aktiven und effizienten Steuerung des Projekterfolgs transformiert wird (Tab. 3.2).

Die Implementierung von Smart Contracts im deutschen Rechtsraum stößt jedoch auf fundamentale und derzeit kaum überwindbare Hindernisse. Die dem Smart Contract immanente Logik eines sich selbst ausführenden, unveränderlichen Codes widerspricht wesentlichen Prinzipien des deutschen Vertragsrechts, wie etwa den gesetzlichen Formvorschriften, der Möglichkeit der richterlichen Inhaltskontrolle nach §§ 305 ff. BGB oder den etablierten und differenzierten Mechanismen zur Handhabung von Leistungsstörungen und Nachträgen gemäß VOB/B [59; 60]. Eine tiefgreifende juristische Forschungslücke besteht bei der Frage, wie solche Konzepte rechtssicher in das deutsche System integriert werden könnten [54; 55]. Eine vollständige Automatisierung von Verträgen ist daher aktuell nicht realistisch und wäre mit unkalkulierbaren rechtlichen Risiken verbunden. Das übertragbare Potenzial für das CM-Leistungsbild liegt daher nicht in der vollständigen Substitution, sondern in der technologischen Unterstützung bestehender Prozesse. Die Blockchain-Technologie kann genutzt werden, um eine unveränderliche und revisionssichere Datengrundlage für kommerzielle Vorgänge zu schaffen. So könnte die Prüfung von Abrechnungen und Nachträgen durch eine manipulationssichere, datengestützte Beweisführung untermauert werden, was die Effizienz steigert und das Potenzial für Streitigkeiten signifikant reduziert.

Literatur

1. EL-ADAWAY, I. H.; ALI, G. G.; EISSA, R.; ABDUL NABI, M.; AHMED, M. O.; ELBASHBISHY, T.; KHALEF, R. Construction Management and Economics 40th anniversary: knowledge structure and trends, Construction Management and Economics, Band 41, Heft 4, 2023.
2. ZHU, S.; LI, D.; ZHU, J.; FENG, H. Towards a data-rich era: A bibliometric analysis of construction management (2000–2020), Buildings, Band 12, Heft 12, 2022, Art. 2242.
3. PARSAMEHR, M.; PERERA, U. S.; DODANWALA, T. C.; PERERA, P.; RUPARATHNA, R. A review of construction management challenges and BIM-based solutions: perspectives from schedule, cost, quality, and safety management, Asian Journal of Civil Engineering, Band 24, Heft 1, 2023.
4. PAN, Y.; ZHANG, L. Integrating BIM and AI for smart construction management: Current status and future directions, Archives of Computational Methods in Engineering, Band 30, Heft 2, 2023.
5. AIYETAN, A. O.; DAS, D. K. Factors and strategies for improving construction management on sites in mega-projects in South Africa: An explorative survey, Infrastructures, Band 7, Heft 2, 2022.
6. GLASS, J.; BYGBALLE, L. E.; HALL, D. Transforming construction: the multi-scale challenges of changing and innovating in construction, Construction Management and Economics, Band 40, Hefte 11–12, 2022.
7. ZHAO, X. Construction risk management research: Intellectual structure and emerging themes, International Journal of Construction Management, Band 24, Heft 5, 2024, S. 540–550.
8. VIGREN, O. Ecosystems in construction management and urban development: A comprehensive review of conceptualizations and contributions, Construction Management and Economics, Band 42, Heft 2, 2024, S. 162–181.
9. IBRAHIM, A.; ZAYED, T.; LAFHAJ, Z. Trends and gaps in lean construction practices for megaprojects: A critical review, Alexandria Engineering Journal, Band 118, 2025.
10. FIEDLER, M. Lean Construction – Das Managementhandbuch, Springer, Berlin/Heidelberg, 2018.
11. MORADI, S.; SORMUNEN, P. Integrating lean construction with BIM and sustainability: a comparative study of challenges, enablers, techniques, and benefits, Construction Innovation, Band 24, Heft 7, 2024.
12. MICHALSKI, A.; GŁODZIŃSKI, E.; BÖDE, K. Lean construction management techniques and BIM technology – systematic literature review, Procedia Computer Science, Band 196, 2022.
13. SHAQOUR, E. N. The impact of adopting lean construction in Egypt: Level of knowledge, application, and benefits, Ain Shams Engineering Journal, Band 13, Heft 2, 2022, Art. 101551.

14. GARCÉS, G.; FORCAEL, E.; OSORIO, C.; CASTAÑEDA, K.; SÁNCHEZ, O. Systematic review of Lean Construction: sustainability and efficiency in construction management, Journal of Infrastructure Preservation and Resilience, Band 6, Heft 1, 2025.
15. LOHNE, J.; TORP, O.; ANDERSEN, B.; ASLESEN, S.; BYGBALLE, L.; BØLVIKEN, T.; LAEDRE, O. The emergence of lean construction in the Norwegian AEC industry, Construction Management and Economics, Band 40, Hefte 7–8, 2022.
16. AL BALKHY, W.; SWEIS, R.; LAFHAJ, Z. Barriers to adopting lean construction – The case of Jordan, Buildings, Band 11, Heft 6, 2021.
17. DEEP, S.; GAJENDRAN, T.; JEFFERIES, M. A systematic review of enablers of collaboration in construction projects, International Journal of Construction Management, Band 21, Heft 9, 2021.
18. BECKER, S. C.; ROMAN-MÜLLER, H. Integrierte Projektabwicklung (IPA), Wiesbaden: Springer Fachmedien, 2022.
19. AHMED, S. I.; MAHMUD, A.; AKOH, S.; TARIQ, U. Exploring IPD as an antidote to fragmentation within the UK construction sector, In: 40th Annual ARCOM Conference: Looking Back to Move Forward, 2024.
20. KARASU, T.; AALTONEN, K.; HAAPASALO, H. The interplay of IPD and BIM: A systematic literature review, Construction Innovation, Band 23, Heft 3, 2023.
21. BUDAU, M. R. D. Integrierte Projektabwicklung mit Mehrparteienverträgen, KIT Scientific Publishing, 2024.
22. JADIDOLESLAMI, S.; SAGHATFOROUSH, E.; HERAVI, A.; PREECE, C. A practical framework to facilitate constructability using IPD: case study, International Journal of Construction Management, Band 22, Heft 7, 2022.
23. RODRIGUES, M. R.; LINDHARD, S. M. Benefits and challenges to applying IPD: experiences from a Norwegian mega-project, Construction Innovation, Band 23, Heft 2, 2023.
24. ELGHAISH, F.; ABRISHAMI, S.; HOSSEINI, M. R.; ABU-SAMRA, S. Revolutionising cost structure for integrated project delivery: A BIM-based solution, Engineering, Construction and Architectural Management, Band 28, Heft 4, 2021.
25. WEINMANN, M.; BAIER, C. Anforderungen an die Kostenplanung und -steuerung in IPA-Projekten, Tagungsband, o. J.
26. MORADI, S.; KÄHKÖNEN, K.; KLAKEGG, O. J.; AALTONEN, K. Profile of project managers' competencies for collaborative construction projects, In: 37th Annual ARCOM Conference, 2021.
27. SPIEGL, M.; SANDER, P.; BECKER, S. C. Comparison and assessment of Integrated Project Delivery Models (IPD) in Germany and Alliance Models in Austria: Vergleich und erste Bilanz Integrierter Projektabwicklungsmodelle (IPA) in Deutschland und Allianzmodelle in Österreich, 2024.
28. GRANJA, A. D.; MUIANGA, E. A. D.; PICCHI, F. A.; FORMOSO, C. T. Evolutionary model for gradual transition to IPD, Revista Ingeniería de Construcción, Band 38, Heft 1, 2023.
29. ZADEH, P. A.; THIBAULT, J. M.; STAUB-FRENCH, S.; BHONDE, D. Understanding the Disruptiveness of Integrated Project Delivery (IPD) in the AEC Industry, Buildings, Band 15, Heft 13, 2025, Art. 2338.
30. RASHED, A.; MUTIS, I. Influence of internal factors in construction organizations on implementing Integrated Project Delivery viewed from the Organizational Change Theories, Practice Periodical on Structural Design and Construction, Band 28, Heft 4, 2023.
31. SAMSUDIN, N. S.; KHALIL, N.; MOHAMMAD, M. Z.; MD AJIS, A.; HAMZAH, H.; CHE IBRAHIM, C. K. I.; MANU, P. An ontology to represent the prevention through design (PtD) concept in integrated project delivery (IPD) in the construction industry from an architectural perspective, Buildings, Band 13, Heft 5, 2023.

32. RAZA, M. S.; TAYEH, B. A.; AISHEH, Y. I. A.; MAGLAD, A. M. Potential features of building information modeling (BIM) for application of project management knowledge areas in the construction industry, Heliyon, Band 9, Heft 9, 2023.
33. RODRIGUES, F.; ALVES, A. D.; MATOS, R. Construction management supported by BIM and a business intelligence tool, Energies, Band 15, Heft 9, 2022.
34. ZHOU, D.; PEI, B.; LI, X.; JIANG, D.; WEN, L. Innovative BIM technology application in highway construction management, Scientific Reports, Band 14, Heft 1, 2024, Art. 15298.
35. ZHOU, J.; TAM, V. W.; QIN, Y.; ILLANKOON, C. Cost management on prefabricated construction: A critical review (2000–2022), International Journal of Construction Management, Band 24, Heft 9, 2024, S. 997–1006.
36. STEFAŃSKA, A.; MARKOWSKI, H.; DIXIT, S. Three-dimensional laser scanning for structure documentation and construction management: A case study of renovation and rebuilt of metro tunnels, Ain Shams Engineering Journal, Band 15, Heft 5, 2024, Art. 102665.
37. COSENZA, G.; ACHENBACH, I. M. Bautechnische Prüfung von Ingenieurbauwerken nach BIM-Methodik, In: 2. Fachkongress Konstruktiver Ingenieurbau, 2024.
38. OH, J.; HONG, S.; CHOI, B.; HAM, Y.; KIM, H. Integrating text parsing and object detection for automated monitoring of finishing works in construction projects, Automation in Construction, Band 174, 2025.
39. SCHIMANSKI, C. P.; MONIZZA, G. P.; MATT, D. The role of common data environments as enabler for reliable digital lean construction management, In: IGLC 2021 – 29th Annual Conference of the International Group for Lean Construction, 2021.
40. GHOSH, A.; EDWARDS, D. J.; HOSSEINI, M. R. Patterns and trends in IoT research: future applications in the construction industry, Engineering, Construction and Architectural Management, Band 28, Heft 2, 2021.
41. ALTHOEY, F.; WAQAR, A.; ALSULAMY, S. H.; KHAN, A. M.; ALSHEHRI, A.; FALQI, I. I.; ABUHUSSAIN, M. A. Influence of IoT implementation on resource management in construction, Heliyon, Band 10, Heft 15, 2024.
42. TSAI, M. H.; YANG, C. H.; WANG, C. H.; YANG, I. T.; KANG, S. C. SEMA: A site equipment management assistant for construction management, KSCE Journal of Civil Engineering, Band 26, Heft 3, 2022, S. 1144–1162.
43. ELMOUSALAMI, H.; MAXY, M.; HUI, F. K. P.; AYE, L. AI in automated sustainable construction engineering management, Automation in Construction, Band 175, 2025.
44. OBIUTO, N. C.; ADEBAYO, R. A.; OLAJIGA, O. K.; FESTUS-IKHUORIA, I. C. Integrating artificial intelligence in construction management: Improving project efficiency and cost-effectiveness, International Journal of Advanced Multidisciplinary Research Studies, Band 4, Heft 2, 2024.
45. TABOADA, I.; DANESHPAJOUH, A.; TOLEDO, N.; DE VASS, T. Artificial intelligence enabled project management: A systematic literature review, Applied Sciences, Band 13, Heft 8, 2023, Art. 5014.
46. REGONA, M.; YIGITCANLAR, T.; XIA, B.; LI, R. Y. M. Opportunities and adoption challenges of AI in the construction industry: A PRISMA review, Journal of Open Innovation: Technology, Market, and Complexity, Band 8, Heft 1, 2022.
47. MANU, B. A. Leveraging Artificial Intelligence for optimized project management and risk mitigation in construction industry, World Journal of Advanced Research and Reviews, Band 24, Heft 3, 2024.
48. NYQVIST, R.; PELTOKORPI, A.; SEPPÄNEN, O. Can ChatGPT exceed humans in construction project risk management?, Engineering, Construction and Architectural Management, Band 31, Heft 13, 2024.

49. CHENYA, L.; AMINUDIN, E.; MOHD, S.; YAP, L. S. Intelligent risk management in construction projects: Systematic literature review, IEEE Access, Band 10, 2022.
50. WU, C.; DING, W.; JIN, Q.; JIANG, J.; JIANG, R.; XIAO, Q.; LI, X. Retrieval augmented generation-driven information retrieval and question answering in construction management, Advanced Engineering Informatics, Band 65, 2025, Art. 103158.
51. ZHONG, Y.; GOODFELLOW, S. D. Domain-specific language models pre-trained on construction management systems corpora, Automation in Construction, Band 160, 2024, Art. 105316.
52. NIKMEHR, B.; HOSSEINI, M. R.; MARTEK, I.; ZAVADSKAS, E. K.; ANTUCHEVICIENE, J. Digitalization as a strategic means of achieving sustainable efficiencies in construction management: A critical review, Sustainability, Band 13, Heft 9, 2021.
53. TJEBANE, M. M.; MUSONDA, I.; OKORO, C.; ONOSOSEN, A. Artificial Intelligence (AI) in sustainable construction management: A scientometric review, In: Construction in 5D: Proceedings of the 15th Built Environment Conference, Cham: Springer, 2022, S. 137–150.
54. MAHMUDNIA, D.; ARASHPOUR, M.; YANG, R. Blockchain in construction management: Applications, advantages and limitations, Automation in Construction, Band 140, 2022.
55. LI, X.; LU, W.; XUE, F.; WU, L.; ZHAO, R.; LOU, J.; XU, J. Blockchain-enabled IoT–BIM platform for supply chain management in modular construction, Journal of Construction Engineering and Management, Band 148, Heft 2, 2022.
56. HIMEUR, Y.; ELNOUR, M.; FADLI, F.; MESKIN, N.; PETRI, I.; REZGUI, Y.; AMIRA, A. AI-big data analytics for building automation and management systems: a survey, Artificial Intelligence Review, Band 56, Heft 6, 2023.
57. AHO e.V. Projektmanagement in der Bau- und Immobilienwirtschaft – Standards für Leistungen und Vergütung, Heft Nr. 9, 6. Aufl., Düsseldorf: Reguvis, 2025.
58. SAJJAD, M.; HU, A.; WAQAR, A.; FALQI, I. I.; ALSULAMY, S. H.; BAGEIS, A. S.; ALSHEHRI, A. M. Evaluation of the success of Industry 4.0 digitalization practices for sustainable construction management: Chinese construction industry, Buildings, Band 13, Heft 7, 2023.
59. VOGEL, F. R. Projektsteuerung öffentlicher Hochbauprojekte, Dissertation, Universität Kassel, 2009.
60. ZILCH, K.; DIEDERICHS, C. J.; KATZENBACH, R.; BECKMANN, K. J. Bauwirtschaft und Baubetrieb, In: Bauwirtschaft und Baubetrieb, Springer Berlin Heidelberg, 2014, S. 379–965.

4 Entwicklung eines integrierten CM-Leistungsbildes

4.1 Zentrale Leistungsmodule des Construction Management

Die Entwicklung eines integrierten CM-Leistungsbildes erfordert eine Abkehr von der traditionellen, phasenorientierten Gliederung und eine Hinwendung zu einer modularen, funktionsbasierten Struktur. Diese Module müssen die in der vorangegangenen Analyse identifizierten Defizite der fragmentierten und oft adversarisch geprägten Projektabwicklung adressieren und die Potenziale moderner Managementansätze systematisch nutzbar machen. Anstatt lediglich bestehende Leistungsbilder neu zu gruppieren, zielt der hier vorgestellte Ansatz darauf ab, Kernkompetenzen zu definieren, die eine proaktive, ganzheitliche und wertschöpfungsorientierte Steuerung des Projektes ermöglichen. Die vorgeschlagene Struktur gliedert sich in das Modul A+ „Integrierte Projektorganisation", das die Grundlage für eine effektive Zusammenarbeit schafft, und das Modul E+ „Strategisches Vertragsmanagement", welches die kommerziellen und rechtlichen Rahmenbedingungen für diese Zusammenarbeit definiert. Diese beiden Module bilden das Fundament des integrierten CM-Modells, da eine funktionierende Organisation die Voraussetzung für die erfolgreiche Umsetzung partnerschaftlicher Vertragsmodelle ist und umgekehrt die vertraglichen Anreize das Verhalten der Organisation maßgeblich prägen. Die nachfolgenden Ausführungen detaillieren die Inhalte dieser zentralen Module und leiten deren Notwendigkeit und Ausgestaltung aus den Erkenntnissen der Grundlagenanalyse und dem aktuellen Stand der Forschung ab.

Die vorgestellten Leistungsmodule A.1+ bis A.4+ bilden ein integriertes System: Der Aufbau kollaborativer Strukturen (A.1+) schafft die organisatorische Grundlage, auf der die Moderation interdisziplinärer Teams (A.2+) effektiv wirken kann. Das digitale Informationsmanagement (A.4+) liefert hierfür das informationstechnische Rückgrat und

H. Kizil, *Construction Management im Hochbau*, Entwicklung neuer Ansätze zum nachhaltigen Planen und Bauen, https://doi.org/10.1007/978-3-658-51390-0_4

die notwendige Datenbasis, um ein proaktives Risikomanagement (A.3+) zu ermöglichen. In ihrer Gesamtheit transformieren diese Module die Projektsteuerung von einer reaktiven Kontrollfunktion zu einer proaktiven, wertschöpfungsorientierten Managementdisziplin.

4.1.1 Integrierte Projektorganisation

Die erfolgreiche Implementierung der erweiterten Construction Management Module A.1+ bis A.4+ erfordert eine klare Definition der Rollen und Verantwortlichkeiten aller Projektbeteiligten. Die nachfolgende RACI-Matrix bildet das organisatorische Rückgrat für die praktische Umsetzung der kollaborativen, digitalen und integrierten Arbeitsweisen, die den Kern des modernen Construction Managements ausmachen. Im Gegensatz zu traditionellen Projektorganisationsmodellen, die oft durch starre Hierarchien und fragmentierte Zuständigkeiten geprägt sind, erfordert die Umsetzung der Module eine bewusste Neuverteilung der Verantwortlichkeiten. Der Construction Manager übernimmt hierbei nicht die Rolle eines alleinigen Entscheiders, sondern fungiert als zentraler Integrator und Prozessgestalter, der die interdisziplinäre Zusammenarbeit orchestriert und die digitalen Werkzeuge strategisch einsetzt.

Die Matrix berücksichtigt dabei die spezifischen Anforderungen einer BIM-basierten, kollaborativen Projektabwicklung, in der Information und Entscheidungen nicht mehr linear durch Hierarchien fließen, sondern in vernetzten Strukturen generiert und geteilt werden. Besondere Aufmerksamkeit gilt der Balance zwischen der notwendigen Steuerungsfunktion des Construction Managements und der fachlichen Verantwortung der jeweiligen Planungsdisziplinen. Die Verantwortlichkeitsverteilung reflektiert zudem die Erkenntnisse aus Lean Construction und agilen Managementansätzen, bei denen die Eigenverantwortung der Teams gestärkt und gleichzeitig eine übergreifende Koordination sichergestellt wird. Dies ermöglicht es, die Potenziale der einzelnen Module voll auszuschöpfen und gleichzeitig eine kohärente Projektumsetzung zu gewährleisten (Abb. 4.1).

4.1.1.1 A.1+ Aufbau kollaborativer Projekstrukturen

In direkter Anlehnung an die in Abschn. 3.1.2 analysierten Prinzipien der Integrierten Projektabwicklung (IPA) sowie die in Abschn. 3.1.1 dargelegten Optimierungsansätze des Lean Construction zielt dieses Modul darauf ab, die systemische Fragmentierung der deutschen Baupraxis zu überwinden, welche durch die phasenorientierte Gliederung der HOAI strukturell verfestigt wird. Wie von Becker & Römer-Müller (2022) sowie Pishdad-Bozorgi & Beliveau (2016) dargelegt, ist die frühzeitige, vertragliche Bündelung der Schlüsselpartner in einem interdisziplinären Kernteam der entscheidende Hebel, um Schnittstellenverluste zu minimieren und eine gemeinsame Zielorientierung zu schaffen [1; 2]. Die in den internationalen Best-Practice-Modellen dokumentierten Erfolge kollaborativer Organisationsformen, insbesondere die Reduktion von Nachträgen um bis zu 40 % und die Verbesserung der Termintreue durch integrierte Teamstrukturen, bilden die empirische Grundlage für die nachfolgend entwickelte Modulkonzeption [3; 4].

CM-Module	Construction Manager	Bauherr/Auftraggeber	Architekt/Objektplaner	Fachplaner	Ausführende Unternehmen	Subunternehmer/Nachunternehmer
A.1+ Kollaborative Projektstrukturen Aufbau soziotechnischer Systeme für integrierte Zusammenarbeit	R	A	C	C	C	I
A.2+ Moderation interdisziplinärer Teams Aktive Facilitation und Servant Leadership für Teamkollaboration	R	I	A	A	C	C
A.3+ Proaktives Risikomanagement Präventive Risikovermeidung durch systemische Prozessoptimierung	R	A	C	C	C	I
A.4+ Digitales Informationsmanagement BIM/CDE Zentrale Wissensplattform als Single Source of Truth	R	A	R	R	C	I

Abb. 4.1 RACI-Matrix für Leistungsmodule A.1+ bis A.4+[1]. (Eigene Darstellung)

Das Modul A.1+ „Aufbau kollaborativer Projektstrukturen" stellt eine fundamentale Weiterentwicklung der traditionellen Projektorganisation dar, wie sie im AHO-Heft Nr. 9 beschrieben wird [5; 6]. An die Stelle eines rein statischen, hierarchischen Organigramms, das primär Zuständigkeiten und Berichtslinien abbildet, tritt die bewusste Gestaltung eines soziotechnischen Systems, das auf frühzeitige Integration, transparente Kommunikation und gemeinsame Zielverantwortung ausgerichtet ist. Die Notwendigkeit hierfür ergibt sich aus der in der deutschen Baupraxis weitverbreiteten Problematik der Fragmentierung und des Silodenkens, welche die Potenziale für Effizienz- und Qualitätssteigerungen erheblich begrenzen [7; 2]. Eine solche kollaborative Struktur überwindet die rigide Trennung von Planung und Ausführung, indem sie Ausführungsexpertise frühzeitig in den Planungsprozess einbindet, was international als Schlüssel zur Risikominimierung und Wertoptimierung anerkannt ist [1; 8]. Die Aufgabe des Construction Managements besteht hierbei nicht nur in der Erstellung eines Organisationsplans, sondern in der aktiven Etablierung von Prozessen und Rahmenbedingungen, die eine echte, interdisziplinäre Zusammenarbeit fördern und die traditionell adversarischen Beziehungen zwischen den Projektbeteiligten in eine partnerschaftliche Allianz transformieren [9; 10]. Dies erfordert eine ganzheitliche Betrachtung, die über die reine Definition von Rollen und Verantwortlichkeiten hinausgeht und auch die Kultur, die Kommunikationswege und die digitalen Werkzeuge als integrale Bestandteile der Projektstruktur begreift.

[1] **R** = Responsible (Verantwortlich) | **A** = Accountable (Rechenschaftspflichtig) | **C** = Consulted (Konsultiert) | **I** = Informed (Informiert).

Der Kern des Moduls liegt in der Implementierung von Prinzipien, die aus Managementphilosophien wie dem Lean Management und dem Agilen Management adaptiert werden, um die Wertschöpfung zu maximieren und Verschwendung an den Schnittstellen zu minimieren. Ein zentrales Prinzip ist die Etablierung eines interdisziplinären Kernteams, das alle wesentlichen Entscheidungsträger – von Bauherrenvertretern über zentrale Planer bis hin zu Schlüsselunternehmern oder Fachfirmen – an einem Tisch vereint [9; 10]. Diese frühe und kontinuierliche Einbindung aller Akteure schafft ein gemeinsames Projektverständnis und fördert die kollektive Problemlösungskompetenz des gesamten Teams. Anstatt Informationen sequenziell durch starre Hierarchien zu leiten, wie es in klassischen Modellen der Fall ist [5; 11], wird ein Netzwerk geschaffen, in dem Informationen frei und direkt zwischen den relevanten Experten fließen können. Dies reduziert nicht nur Informationsverluste und Verzögerungen, sondern steigert auch die Qualität der Entscheidungen, da diese auf einer breiteren und tieferen Wissensbasis getroffen werden. Die Struktur orientiert sich dabei weniger an formalen Machtpositionen als vielmehr an den tatsächlichen Wertschöpfungsprozessen des Projekts, was eine direkte Parallele zu den Grundgedanken des Lean Construction darstellt, bei dem die Optimierung des gesamten Wertstroms im Vordergrund steht [12; 13]. Die Rolle des Construction Managers wandelt sich hierbei vom reinen Koordinator zum aktiven Integrator und Moderator, der die Rahmenbedingungen für diese vernetzte Zusammenarbeit schafft und pflegt [9; 10].

Die Umsetzung solch kollaborativer Strukturen erfordert sowohl formale als auch informelle Mechanismen. Auf formaler Ebene bedarf es angepasster Projektabwicklungs- und Vertragsmodelle, wie sie beispielsweise im IPD zu finden sind, die gemeinsame Ziele und eine geteilte Risiko- und Chancenverteilung vorsehen [1; 14]. Diese Modelle, die in Modul E+ detaillierter behandelt werden, schaffen die vertragliche Grundlage für eine nicht-adversarische Zusammenarbeit. Auf der informellen, operativen Ebene implementiert der Construction Manager konkrete agile und schlanke Praktiken, um die Kollaboration im Projektalltag zu leben. Dazu gehören beispielsweise die Einrichtung einer zentralen Projektplattform (Co-Location oder „Big Room"), regelmäßige und strukturierte Kommunikationsformate wie Daily-Stand-ups oder wöchentliche Integrationsmeetings sowie die gemeinsame Erarbeitung und Visualisierung von Prozessen und Meilensteinen [9; 10]. Diese Praktiken fördern eine Kultur der Transparenz und des Vertrauens, die als entscheidende Erfolgsfaktoren für die Leistungsfähigkeit interdisziplinärer Teams gelten. Anstatt die Projektsteuerung als rein administrative Kontrollfunktion zu verstehen, wird sie zu einer dienstleistenden Funktion, die dem Team hilft, Hindernisse zu beseitigen und sich auf die wertschöpfenden Tätigkeiten zu konzentrieren, was dem agilen Prinzip der „dienenden Führung" entspricht [9, 15].

Digitale Werkzeuge, allen voran BIM, fungieren als technologisches Rückgrat und entscheidender Befähiger für diese integrierten Projektstrukturen. Ein zentrales, für alle zugängliches und aktuelles BIM-Modell dient als „Single Source of Truth" und überwindet die Informationssilos, die durch fragmentierte, 2D-basierte Planungsprozesse entstehen [16; 17]. Die kollaborative Arbeit am digitalen Zwilling ermöglicht eine frühzeitige und interdisziplinäre Prüfung von Entwurfsentscheidungen, die Durchführung von Kollisionsprüfungen und die Simulation von Bauabläufen (4D) und Kosten (5D), wodurch Fehler und teure Umplanungen in späteren Phasen vermieden werden [12; 18]. Moderne Ansätze gehen jedoch über die reine Modellverwaltung hinaus und streben den Aufbau eines umfassenden, hierarchisch strukturierten Projektwissenspools an, der neben geometrischen Daten auch Dokumente, Standards und Kommunikationsverläufe integriert und intelligent durchsuchbar macht [19; 20]. In diesem Kontext besteht die Aufgabe des Construction Managements darin, nicht nur die Einführung der Technologie zu steuern, sondern die Aufbau- und Ablauforganisation so zu gestalten, dass die Potenziale dieser digitalen Werkzeuge für die Zusammenarbeit voll ausgeschöpft werden. Dies umfasst die Definition von BIM-Abwicklungsplänen (BAP), die Festlegung von Rollen und Verantwortlichkeiten im digitalen Workflow und die Sicherstellung der notwendigen Kompetenzen bei allen Beteiligten [5; 20].

Die praktische Implementierung kollaborativer Strukturen beginnt mit einer sorgfältig moderierten Projektstartphase, in der die Grundlagen für die zukünftige Zusammenarbeit gelegt werden. In intensiven Kick-off-Workshops, die Methoden wie Design Thinking nutzen können, werden gemeinsam mit allen Schlüsselakteuren die übergeordneten Projektziele und Wertvorstellungen definiert [9; 10]. Anstatt eines von oben vorgegebenen Pflichtenhefts wird ein gemeinsames Verständnis für die Bedürfnisse des Nutzers und die kritischen Erfolgsfaktoren des Projekts erarbeitet. Darauf aufbauend wird die Projektorganisation nicht als starres Gebilde, sondern als anpassungsfähiges Netzwerk konzipiert, das sich an den jeweiligen Anforderungen der Projektphasen orientiert. Es werden interdisziplinäre Teams für spezifische Aufgabenpakete gebildet, die eigenverantwortlich Lösungen erarbeiten und dabei durch den Construction Manager unterstützt werden. Eine wesentliche Abweichung von der klassischen Projektsteuerung liegt in der veränderten Risikokultur: Risiken werden nicht primär juristisch zugewiesen, sondern als gemeinsame Herausforderungen betrachtet, für die das Team kollektiv präventive Maßnahmen entwickelt. Dieser proaktive Ansatz zielt darauf ab, Probleme zu lösen, bevor sie zu Claims oder Streitigkeiten eskalieren, was einen fundamentalen Bruch mit der oft reaktiven und konfrontativen Logik traditioneller Projektabwicklungsmodelle darstellt [21; 22] (Abb. 4.2).

4.1.1.2 A.2+ Moderation interdisziplinärer Teams

Die Entwicklung dieses Moduls wurzelt in den in Abschn. 3.1.1 diskutierten Erkenntnissen des Lean Management sowie den agilen Führungsansätzen, welche die Bedeutung psychologischer Sicherheit und partizipativer Entscheidungsprozesse für die Leistungsfähigkeit von Projektteams empirisch belegen [9; 23]. Aktuelle Erkenntnisse aus der Forschung demonstrieren, dass die Qualität der Moderation und Kommunikation innerhalb interdisziplinärer Teams einen signifikant höheren Einfluss auf den Projekterfolg ausübt als rein technische oder prozessuale Optimierungen, was die Notwendigkeit einer expliziten Neuausrichtung der Projektsteuerung von einer administrativen Koordinationsfunktion zu einer aktiven Moderationsinstanz begründet [9; 24]. Die im Last Planner System verankerten Prinzipien der kollaborativen Planung und des kontinuierlichen Lernens durch Retrospektiven bilden dabei die methodische Grundlage für die operative Ausge-

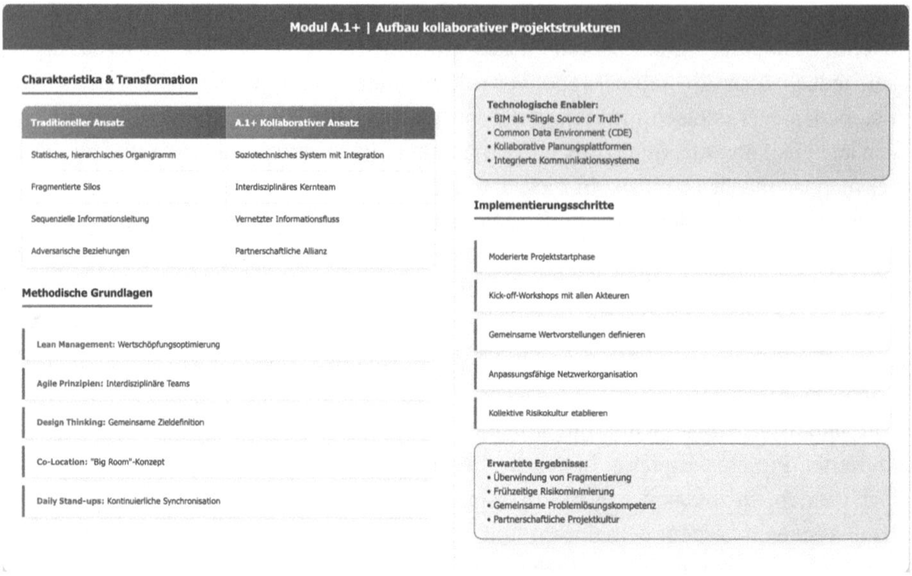

Abb. 4.2 Zusammenfassende Darstellung des Moduls A.1+ in Anlehnung an [1; 2; 9]

staltung dieses Moduls, welches die entsprechenden Forschungserkenntnisse in konkrete Managementleistungen überführt [3; 13].

Die traditionelle Projektsteuerung, wie sie im Leistungsbild der AHO-Schriftenreihe Nr. 9 definiert ist, fokussiert sich im Handlungsbereich A primär auf die Koordination der Projektbeteiligten, was oftmals einer reaktiven und administrativen Tätigkeit zur Verwaltung von Schnittstellen und Informationsflüssen gleichkommt [5; 11]. Angesichts der zunehmenden Komplexität und Fragmentierung moderner Hochbauprojekte, die durch eine Vielzahl von Fachdisziplinen, diskontinuierliche Planungsteams und ein hohes Maß an Unsicherheit gekennzeichnet sind, erweist sich dieser rein koordinative Ansatz jedoch als unzureichend [9; 25]. Das hier entwickelte Leistungsmodul A.2+ erweitert daher die klassische Koordination zu einer proaktiven Moderation interdisziplinärer Teams. Anstatt lediglich den Informationsaustausch zwischen getrennten Silos zu steuern, übernimmt der Construction Manager die aktive Rolle eines Facilitators oder „Servant Leaders", der die Rahmenbedingungen für eine effektive, psychologisch sichere und kreative Zusammenarbeit schafft [9; 10]. Die Zielsetzung verschiebt sich somit von der reinen Prozessverwaltung hin zur systematischen Förderung von Kollaboration, gemeinsamer Problemlösung und organisationalem Lernen, um die in der Praxis häufig anzutreffenden Kommunikationsdefizite und adversen Vertragsbeziehungen zu überwinden [26; 27]. Dieser Ansatz trägt der Erkenntnis Rechnung, dass der Projekterfolg maßgeblich von der Qualität der menschlichen Interaktion und der Fähigkeit des Teams abhängt, dynamisch auf Veränderungen zu reagieren.

Die Kompetenzen des Construction Managers gehen in dieser Rolle weit über das technische und organisatorische Fachwissen hinaus und umfassen maßgeblich soziale und methodische Fähigkeiten, die in klassischen Projektmanagement-Standards oft unterrepräsentiert sind [9; 28]. Der CM als Moderator gestaltet und leitet gezielt interdisziplinäre Formate wie Kick-off-Workshops, Design-Thinking-Sessions zur Anforderungsanalyse oder regelmäßige Retrospektiven zur Prozessverbesserung, die an agile Methoden angelehnt sind [9; 29]. Hierbei kommen Moderationstechniken zum Einsatz, die eine offene Kommunikation, aktives Zuhören und konstruktives Konfliktmanagement im Team fördern, um eine Kultur des Vertrauens und der gemeinsamen Verantwortung zu etablieren [9; 22]. Eine wesentliche Aufgabe ist die Implementierung einer transparenten und für alle Beteiligten nachvollziehbaren Kommunikationsstruktur, die durch digitale Werkzeuge wie Common Data Environments CDE oder BIM-Kollaborationsplattformen unterstützt wird [12; 16]. Der CM sorgt dafür, dass diese Plattformen nicht nur als Datenspeicher, sondern als aktive Arbeits- und Kommunikationsräume genutzt werden, indem er beispielsweise regelmäßige modellbasierte Koordinationsbesprechungen moderiert und die Visualisierungsfähigkeiten von BIM zur gemeinsamen Entscheidungsfindung einsetzt [18; 20]. Durch diese aktive Gestaltung der Zusammenarbeit wird die Kluft zwischen strategischer Projektsteuerung und operativer Planung überbrückt und die kollektive Intelligenz des Teams zur Erreichung der Projektziele mobilisiert.

Zur operativen Umsetzung dieser moderativen Rolle bedient sich der Construction Manager eines erweiterten methodischen Instrumentariums, das Elemente aus dem agilen und dem Lean Management für die spezifischen Anforderungen der Bauplanung adaptiert. Anstelle starrer, sequenzieller Planungsabläufe werden iterative und inkrementelle Vorgehensweisen etabliert, die eine kontinuierliche Überprüfung und Anpassung der Planungsergebnisse ermöglichen [9; 30]. So können beispielsweise agile Praktiken wie Daily-Stand-up-Meetings als kurze, tägliche Synchronisationstermine für das Kernplanungsteam eingeführt werden, um den Informationsfluss zu beschleunigen und Hindernisse frühzeitig zu identifizieren [9; 10]. Visuelle Management-Tools wie Kanban-Boards, ob physisch oder digital, werden genutzt, um den Planungsfortschritt und die Aufgabenverteilung transparent zu visualisieren und Engpässe im Prozess sichtbar zu machen [9; 10]. Dies fördert nicht nur die Selbstorganisation des Teams, sondern schafft auch eine faktenbasierte Grundlage für die Prozesssteuerung, die über die reine Terminverfolgung hinausgeht. In Anlehnung an Lean-Prinzipien liegt ein weiterer Schwerpunkt auf der Eliminierung von Verschwendung im Planungsprozess, beispielsweise durch die Reduzierung von Wartezeiten oder die Vermeidung von Überproduktion an nicht abgestimmten Planungsdetails [12, 31]. Durch die Moderation von „Pull-Planning"-Sitzungen kann der CM sicherstellen, dass Planungsleistungen bedarfsgerecht und „just-in-time" erstellt werden, was die Effizienz steigert und Nacharbeit reduziert [9; 32] (Abb. 4.3).

4.1.1.3 A.3+ Proaktives Risikomanagement mit Präventionsmaßnahmen

Aufbauend auf den in Abschn. 3.1.1 analysierten Prinzipien der Fehlervermeidung und der Prozessstabilisierung im Lean Construction sowie den in Abschn. 3.2.1 und 3.2.2 dar-

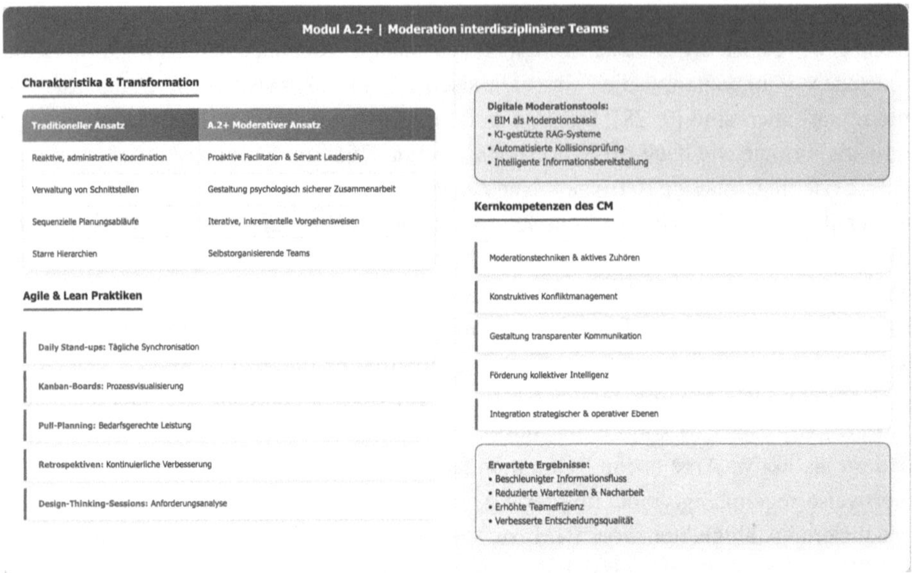

Abb. 4.3 Zusammenfassende Darstellung des Moduls A.2+ in Anlehnung an [9; 13]

gestellten Möglichkeiten der digitalen Simulationstechnologien adressiert dieses Modul die fundamentale Schwäche reaktiver Risikomanagementsysteme, wie sie in der traditionellen Projektsteuerung nach AHO praktiziert werden [13; 33]. Forschungsarbeiten demonstrieren empirisch, dass die Kombination von Lean-basierten Prozessverbesserungen mit BIM-gestützten 4D- und 5D-Simulationen die Vorhersagbarkeit von Bauabläufen signifikant erhöht und die Eintrittswahrscheinlichkeit sowie das Schadensausmaß von Risiken um bis zu 50 % reduzieren kann [3; 12]. Die in der internationalen Forschung dokumentierte Verlagerung des Risikomanagements von einer retrospektiven Schadensabwicklung zu einer prospektiven Systemrobustheit bildet die konzeptionelle Grundlage für die nachfolgend entwickelte Modulstruktur, welche die AHO-Grundleistung A.8 (Risikomanagement) fundamental erweitert und mit präventiven Steuerungsmechanismen verknüpft [5; 11].

Das Modul des proaktiven Risikomanagements mit integrierten Präventionsmaßnahmen stellt eine fundamentale Weiterentwicklung der traditionellen Projektsteuerungsleistungen dar, wie sie beispielsweise im AHO-Heft Nr. 9 beschrieben sind. Anstatt einer rein reaktiven oder begleitenden Funktion, bei der Risiken lediglich identifiziert und dokumentiert werden, ergreift das Construction Management hier eine gestaltende und vorausschauende Rolle [5; 11]. Dieser Ansatz wurzelt in der Erkenntnis, dass die zunehmende Komplexität und Dynamik von Großbauprojekten ein ganzheitliches Management erfordert, das potenzielle Störungen nicht nur erwartet, sondern deren Eintrittswahrscheinlichkeit und Auswirkungen systematisch minimiert [25; 34]. Das proaktive Risikomanagement begreift die Allokation von Ressourcen für Präventivmaßnahmen nicht als zusätzlichen Kostenfaktor, sondern als strategische Investition zur Sicherung der übergeordneten Projektziele wie Kosten-, Termin- und Qualitätstreue [8; 35]. Die grundlegende ökonomische Prämisse der Ressourcenknappheit zwingt dabei zu einer bewussten Auswahl derjenigen Maßnahmen, die den größten Hebel zur Reduzierung des Gesamtrisikos bieten, anstatt ungezielt auf jede denkbare Eventualität zu reagieren [8; 36]. Somit transformiert sich das Risikomanagement von einer administrativen Kontrollaufgabe zu einem dynamischen Steuerungsinstrument, das maßgeblich zur Wertschöpfung und Effizienzsteigerung des Gesamtprojekts beiträgt.

Die methodische Grundlage für ein derart erweitertes Risikoverständnis speist sich aus der Synthese verschiedener moderner Managementphilosophien, die über den Tellerrand des klassischen Bauprojektmanagements hinausblicken [8; 37]. Systemtheoretische Ansätze, wie sie in der agilen Managementlehre Anwendung finden, ermöglichen es, ein Bauprojekt als komplexes, soziotechnisches System zu verstehen, in dem zahlreiche voneinander abhängige Elemente interagieren und unvorhersehbare, emergente Verhaltensweisen auftreten können [9; 37]. Anstatt den Versuch zu unternehmen, alle Risiken vollständig zu eliminieren, was in einem komplexen Umfeld unmöglich ist, zielt ein agil-informierter Ansatz darauf ab, die Resilienz des Projektsystems zu stärken und dessen Anpassungsfähigkeit an unvorhergesehene Ereignisse zu erhöhen. Parallel dazu liefert die Lean-Construction-Philosophie wertvolle Impulse, indem sie die systematische Eliminierung von Verschwendung Muda in Prozessen als eine Kernform der Risikoprävention etabliert [12; 13]. Instabile Prozesse, unklare Schnittstellen und mangelhafte Kommunikation sind nicht nur Quellen für Ineffizienz, sondern auch Brutstätten für Risiken wie Nacharbeit, Terminverzögerungen und Qualitätsmängel. Durch die Implementierung von Lean-Methoden wie dem Last-Planner-System oder der Taktplanung werden Prozesse stabilisiert und die Vorhersagbarkeit von Abläufen erhöht, was eine inhärent risikomindernde Wirkung entfaltet und die im Leistungsbild der IG Lebenszyklus Bau geforderte übergeordnete Steuerung unterstützt [1; 38].

Die operative Umsetzung eines proaktiven Risikomanagements ist im digitalen Zeitalter untrennbar mit dem Einsatz moderner Technologien wie BIM und KI verbunden. BIM fungiert hierbei als operatives Rückgrat, das eine zentrale, datenreiche Repräsentation des Projekts bereitstellt und somit eine wesentliche Grundlage für die Risikoanalyse schafft [16; 17]. Weit über die reine 3D-Visualisierung hinaus ermöglicht die nD-Modellierung die Simulation von Bauabläufen 4D und Kostenentwicklungen 5D, wodurch potenzielle terminliche Konflikte und budgetäre Risiken frühzeitig im virtuellen Modell erkannt und behoben werden können, bevor sie auf der realen Baustelle zu kostspieligen Problemen führen. Die automatisierte Kollisionsprüfung Clash Detection ist hierbei ein etabliertes Werkzeug zur Prävention von Planungsfehlern an den Schnittstellen der Gewerke [12; 18]. Darüber hinaus eröffnet die Integration von KI-Methoden völlig neue Möglichkeiten, indem sie die Analyse der im Projekt anfallenden, gewaltigen Datenmengen automatisiert [19; 39]. Ansätze des Retrieval Augmented Generation RAG können beispielsweise genutzt werden, um Verträge, Protokolle und Spezifikationen auf potenzielle Widersprüche oder risikobehaftete Formulierungen zu durchsuchen, die bei einer manuellen Prüfung leicht übersehen würden [19; 40]. Maschinelles Lernen kann zudem aus den Daten abgeschlossener Projekte Muster lernen, um Risikowahrscheinlichkeiten für aktuelle Vorhaben präziser vorhersagen zu können.

Ein zentraler Aspekt des Moduls A.3+ ist die bewusste Verschiebung des Fokus von der reinen Risikoidentifikation hin zur Entwicklung und Umsetzung konkreter Präventions- und Mitigationsstrategien. Dies erfordert einen Paradigmenwechsel weg von einer retrospektiven Fehleranalyse und hin zu einer prospektiven Prozessgestaltung, die auf die Vermeidung von Fehlerursachen abzielt. Anstatt lediglich Risikolisten zu führen, arbeitet der Construction Manager aktiv mit dem Projektteam daran, robuste Prozesse zu etablieren, die die Wahrscheinlichkeit des Eintritts von Risiken von vornherein reduzieren. Dies knüpft direkt an die Prinzipien des Lean Construction an, welches die kontinuierliche Verbesserung und die Eliminierung der Root Causes von Problemen in den Mittelpunkt stellt [13; 24]. Agile Konzepte wie die antizipierte Instabilität fördern eine Denkweise, die Veränderungen nicht als Störung, sondern als gegebenen Teil des Projektverlaufs akzeptiert und das Team dazu befähigt, flexibel und proaktiv darauf zu reagieren [9; 37]. In der Praxis bedeutet dies beispielsweise die frühzeitige Durchführung von Buildability-Analysen unter Einbeziehung von Ausführungsexpertise, die Etablierung klar definierter Qualitätsstandards in einem Gestaltungshandbuch oder die Simulation komplexer Logistikabläufe, um Engpässe bereits in der Planungsphase zu identifizieren und zu vermeiden [5; 11].

Die erfolgreiche Implementierung eines proaktiven Risikomanagements ist jedoch nicht allein eine Frage von Methoden und Werkzeugen, sondern hängt maßgeblich von der Etablierung einer entsprechenden Projektkultur und -organisation ab. Eine offene und psychologisch sichere Kommunikationsumgebung ist die Grundvoraussetzung dafür, dass Risiken und potenzielle Probleme von allen Teammitgliedern frühzeitig und ohne Angst vor Sanktionen angesprochen werden können [2; 9]. Die in der Baubranche weit verbreitete Fragmentierung und das oft adversariale Verhältnis zwischen den Projektbeteiligten stellen hierbei eine erhebliche Barriere dar [25; 27]. Das Construction Management hat daher die Aufgabe, aktiv eine kollaborative Kultur zu fördern, beispielsweise durch die Moderation interdisziplinärer Workshops oder die Implementierung partnerschaftlicher Vertragsmodelle. Die klare Definition von Rollen und Verantwortlichkeiten innerhalb der Projektorganisation ist dabei ebenso entscheidend, um sicherzustellen, dass das Risikomanagement nicht als isolierte Aufgabe einer einzelnen Person verstanden wird, sondern als Querschnittsaufgabe des gesamten Teams [5; 11]. Die Organisationsmodelle, wie sie etwa von der IG Lebenszyklus Bau vorgeschlagen werden, bieten hierfür eine wertvolle strukturelle Grundlage, die durch die Schaffung einer gelebten Kultur der Zusammenarbeit mit Leben gefüllt werden muss [10; 41] (Abb. 4.4).

4.1.1.4 A.4+ Digitales Informationsmanagement BIM/CDE

In konsequenter Anwendung der in Abschn. 3.2.1 dargestellten Erkenntnisse zur zentralen Rolle von BIM als operativem Rückgrat moderner Projektabwicklung sowie der in Abschn. 3.2.2 analysierten Potenziale Künstlicher Intelligenz für die intelligente Datenverarbeitung zielt dieses Modul auf die Transformation des Informationsmanagements

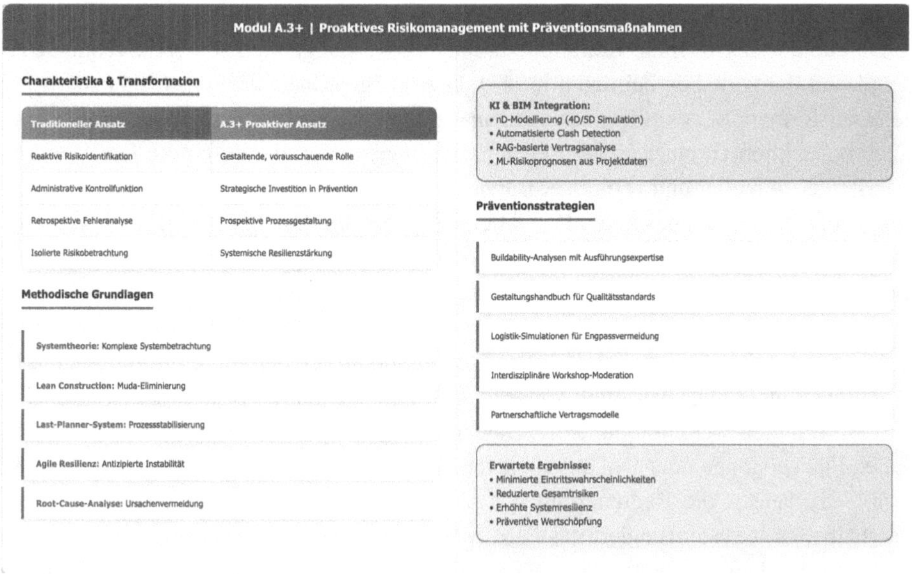

Abb. 4.4 Zusammenfassende Darstellung des Moduls A.3+ in Anlehnung an [16; 42]

von einer administrativen Dokumentationsaufgabe zu einer strategischen Steuerungsfunktion ab [16; 19]. Belege aus wissenschaftlichen Untersuchungen zeigen auf, dass die Etablierung einer Single Source of Truth durch die Integration von BIM und Common Data Environments die Häufigkeit von Planungsfehlern um bis zu 40 % reduziert und die Effizienz der Kommunikation zwischen den Projektbeteiligten signifikant steigert [12; 16]. Die in der internationalen Forschung dokumentierte Entwicklung von reinen 3D-Visualisierungswerkzeugen zu umfassenden, KI-gestützten Projektinformationssystemen bildet die technologische Grundlage für die nachfolgend entwickelte Modulkonzeption, welche die AHO-Grundleistungen A.11 (Dokumentation) und A.6 (Informationsmanagement) mit den in Abschn. 3.3.1 identifizierten Digitalisierungspotenzialen systematisch verknüpft [5; 20].

Das Modul A.4+ „Digitales Informationsmanagement via BIM/CDE“ bildet das informationstechnische Rückgrat eines modernen Construction Managements und geht weit über die traditionellen Aufgaben der Dokumentation und Koordination hinaus, wie sie beispielsweise im Handlungsbereich A des AHO-Leistungsbildes Nr. 9 beschrieben werden [5; 11]. Anstatt Informationen lediglich reaktiv in geordneten Ablagestrukturen zu verwalten, zielt dieses erweiterte Leistungsmodul auf die Etablierung eines proaktiven, zentralisierten und intelligenten Informations-Ökosystems ab [5; 20]. Die technologische Grundlage hierfür bilden BIM als gemeinsamer Wissensspeicher und eine CDE als zentrale Projektplattform, die als alleinige Quelle der Wahrheit („Single Source of Truth“) fungiert [16; 20]. Diese Verschiebung von einem dezentralen, oft fragmentierten Dokumentenmanagement hin zu einem integrierten, modellbasierten Ansatz adressiert direkt die in der Baupraxis häufig auftretenden Probleme des Informationsverlusts an Schnittstellen und der ineffizienten Kommunikation, welche maßgeblich zu Zielverfehlungen in komplexen Bauvorhaben beitragen [2; 43]. Das übergeordnete Ziel des Moduls ist somit die Transformation des Informationsmanagements von einer administrativen Unterstützungsfunktion zu einer strategischen Steuerungsinstanz, die durch die Bereitstellung konsistenter, aktueller und vernetzter Daten eine fundierte und vorausschauende Entscheidungsfindung über den gesamten Projektlebenszyklus ermöglicht [5; 18].

Die Implementierung einer CDE ist der entscheidende organisatorische und technische Schritt, um die Potenziale von BIM vollumfänglich zu erschließen und die Nachteile einer fragmentierten Projektorganisation zu überwinden [9; 20]. Eine CDE dient als zentraler, cloud-basierter Speicherort, auf den alle autorisierten Projektbeteiligten zugreifen, um Informationen nicht nur abzurufen, sondern auch zu erstellen, zu bearbeiten und zu teilen [18; 20]. Dadurch werden redundante Datenhaltung und die zeitraubende Suche nach aktuellen Planversionen oder Dokumenten vermieden, was wiederum einen Kernaspekt des Lean-Gedankens – die Reduzierung von Verschwendung – direkt unterstützt [12; 24]. Innerhalb dieses Systems agiert das BIM-Modell als operatives Rückgrat, das weit mehr ist als eine bloße 3D-Visualisierung; es ist ein reichhaltiger, objektorientierter Datensatz, der geometrische Informationen mit einer Vielzahl nicht-grafischer Attribute wie Kosten, Terminen, Materialeigenschaften und Wartungsanforderungen verknüpft [16; 18]. Die strukturierte Verwaltung dieser Daten über eine CDE fördert die interdisziplinäre Zusammenarbeit maßgeblich, da Änderungen und deren Auswirkungen auf andere Gewerke transparent und nahezu in Echtzeit nachvollziehbar werden [20; 43]. Die Rolle des Construction Managers erweitert sich hierbei von der reinen Koordination der Informationsflüsse zur aktiven Gestaltung und Überwachung der digitalen Kollaborationsprozesse, einschließlich der Definition von BIM-Abwicklungsplänen BAP und der Sicherstellung der Datenqualität und -konsistenz [5; 18].

Die wahre Innovationskraft des Moduls A.4+ entfaltet sich jedoch erst durch die Integration von KI, die es ermöglicht, die in BIM und CDE aggregierten Datenmengen nicht nur zu verwalten, sondern aktiv für die Wissensgenerierung zu nutzen [16; 17]. Während BIM die digitale Grundlage schafft, liefert KI die intelligenten Werkzeuge, um aus diesen Daten verborgene Muster, Risiken und Optimierungspotenziale abzuleiten [16; 17]. Ein vielversprechender Ansatz ist hierbei die Anwendung von „Retrieval Augmented Generation“ RAG, einer Technologie, die es erlaubt, komplexe Anfragen in natürlicher Sprache an den gesamten Projekt-Wissenspool zu richten und präzise, kontextbezogene Antworten zu generieren [19; 40]. Dies überwindet das Granularitätsproblem, bei dem spezifische Informationen in hunderten von Seiten an Dokumentationen untergehen. Darüber hinaus können KI-Algorithmen für die automatisierte Regel- und Kollisionsprüfung eingesetzt werden, die weit über die geometrische Clash-Detection hinausgeht und auch funktionale, normative oder vertragliche Widersprüche frühzeitig identifizieren kann [16; 20]. Für das Construction Management bedeutet dies einen Paradigmenwechsel vom reaktiven Problemlösen hin zum proaktiven, datengestützten Risikomanagement, da potenzielle

Konflikte oder Planungsfehler bereits in einer sehr frühen Phase erkannt und mit deutlich geringerem Aufwand behoben werden können [18; 19].

Die erfolgreiche Etablierung eines digitalen Informationsmanagements gemäß Modul A.4+ stellt hohe Anforderungen an die Organisation und die Kompetenzen aller Projektbeteiligten, was eine sorgfältige Implementierungsstrategie unerlässlich macht. Eine wesentliche Voraussetzung ist die frühzeitige Festlegung der Auftraggeber-Informations-Anforderungen AIA, die als zentrales Dokument die Ziele, Standards und Prozesse für den digitalen Informationsaustausch definieren [5; 20]. Auf dieser Basis entwickelt das Construction Management in Zusammenarbeit mit allen Planern den BIM-Abwicklungsplan BAP, der die konkrete Umsetzung regelt. Die Einführung dieser Technologien erfordert jedoch nicht nur eine finanzielle Anfangsinvestition in Software und Schulungen, was insbesondere für kleinere Unternehmen eine Hürde darstellen kann [12; 24], sondern bedingt vor allem einen tiefgreifenden kulturellen Wandel [2; 9]. Die Abkehr von etablierten, gewerkespezifischen Arbeitsweisen hin zu einer transparenten, interdisziplinären Kollaboration auf einer gemeinsamen Plattform erfordert Vertrauen, Offenheit und eine klare Kommunikation. Hierbei kann die Rolle eines Prozessmoderators, der die Einführung der neuen Arbeitsweisen begleitet und bei der Überwindung von Widerständen unterstützt, von entscheidender Bedeutung sein [10; 41]. Das Construction Management muss in diesem Kontext eine Führungsrolle übernehmen, die über technische Expertise hinausgeht und auch Change-Management-Kompetenzen umfasst, um die menschlichen und organisatorischen Aspekte der digitalen Transformation erfolgreich zu gestalten [9; 10] (Abb. 4.5).

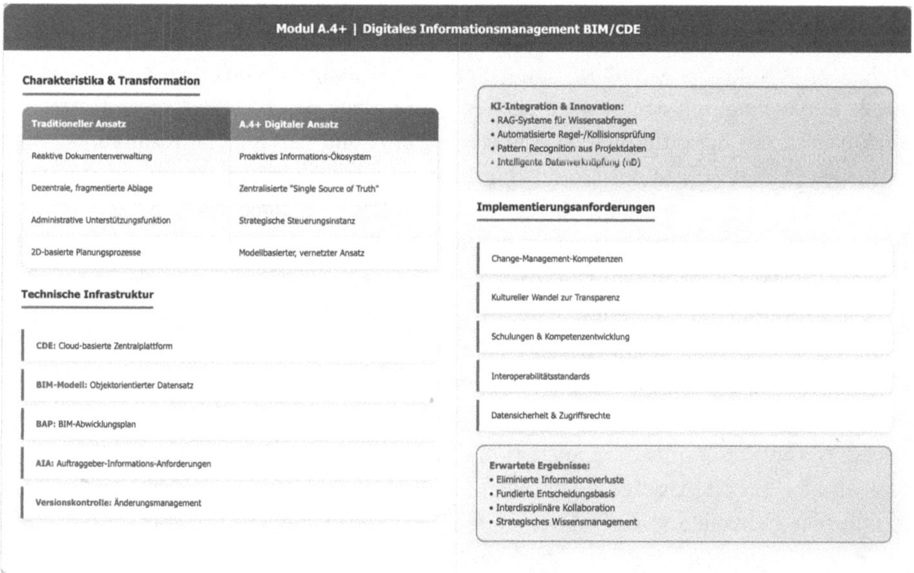

Abb. 4.5 Zusammenfassende Darstellung des Moduls A.4+ in Anlehnung an [16; 20]

4.1.1.5 Theoretische Einordnung und empirische Validierung der A+ Module

Die theoretische Einordnung der A + -Module gründet auf kollaborativen Abwicklungsansätzen, einer verhaltensökonomisch fundierten, partnerschaftlichen Steuerung sowie einer digitalen Informationsökonomie, die zusammengenommen eine Verlagerung von reaktiver Kontrolle hin zu präventiv integrierter Projektführung ermöglichen [6; 11]. Im Mittelpunkt steht die frühzeitige Zusammenführung des interdisziplinären Kernteams in einem gemeinsamen Projektarbeitsraum, der nicht nur räumliche Nähe herstellt, sondern vor allem strukturierte, ergebnisorientierte Arbeit mit entscheidungsbefugten Beteiligten sicherstellt [9; 10]. Sprachlich und fachlich konsistent wird dabei zwischen Aufwänden vor Vertragsschluss und Transaktionskosten nach Vertragsschluss unterschieden, wodurch die Logik qualitätsbasierter Frühinvestitionen klar gefasst bleibt [44; 45]. Die Rückmeldungen aus den Interviews verdeutlichen zugleich rechtliche und kulturelle Hürden, sofern Entscheidungsrechte, Verbindlichkeit und Vertrauensschutz nicht institutionell abgesichert sind [34; 46]. Daraus folgt, dass die Wirksamkeit der Module nur dann eintritt, wenn organisatorische Regeln, moderierte Prozesse und eine belastbare digitale Datenbasis zusammengeführt und diszipliniert angewandt werden [9; 10].

A.1+ ist in relationalen Vertragsansätzen, der Teamforschung und integrierten Abwicklungslogiken verankert und zielt auf eine frühe Bündelung von Kompetenzen, gemeinsame Zielsysteme und klare Entscheidungsrechte als Hebel zur Reduktion von Schnittstellen- und Konfliktkosten [7; 21]. Ökonomisch legitimiert sich dieses Vorgehen, weil Transaktionskosten nach Vertragsschluss in konventionellen Projekten im Mittel bei etwa 8,48 % des Vertragswertes liegen, während Aufwände vor Vertragsschluss um rund 3,64 % veranschlagt werden, sodass eine qualitätsorientierte Partnerauswahl und Organisationsbildung trotz höherer Anfangsintensität vorteilhaft ist [44; 45]. Die Interviews heben als Erfolgsfaktoren die verbindliche Teilnahme entscheidungsbefugter Personen, eine eindeutige Dokumentation der Zuständigkeiten sowie einen partnerschaftlichen Verhaltenskodex hervor, der opportunistische Anreize begrenzt und verlässliche Kommunikationsregeln sichert [34; 46]. In der Umsetzung führt dies zu überprüfbaren organisatorischen Praktiken, die Fragmentierung abbauen, Eskalationen vorbeugen und die spätere Streitträchtigkeit nachweislich mindern [9; 10].

A.2+ verankert die Rolle des Construction Managements in einer dienenden, methodengeleiteten Führung, die Moderation als strukturierte Prozesssteuerung begreift und inhaltliche Entscheidungen konsequent auf eine einheitliche, verlässliche Datenbasis stützt [9; 16]. Das zentrale Bauwerksmodell ermöglicht in moderierten Sequenzen anschauliche Visualisierungen, automatische Kollisionsprüfungen und nachvollziehbare Variantenvergleiche, wodurch Komplexität reduziert und die gemeinsame Entscheidungsfähigkeit erhöht wird [12; 18]. Abrufgestützte Wissenssysteme, die umfangreiche Vertrags- und Normtexte in Echtzeit erschließen, verringern Recherchezeiten und erlauben eine Konzentration der Moderation auf Beteiligung, Struktur und lösungsorientierte Aushandlung [19; 40]. Empirisch zeigen taktgestützte Planungsformate mit wöchentlichen, verbindlichen Zusagen der Ausführenden deutlich höhere Erfüllungsgrade, wobei der Erfüllungsgrad der

Wochenzusagen als Kennzahl regelmäßig Werte über achtzig Prozent erreicht und traditionelle Steuerungsansätze mit unter fünfzig Prozent übertrifft [13; 24]. Die Interviews benennen einen erheblichen Qualifizierungsbedarf in Moderation, Konfliktbearbeitung und methodischer Routine, damit intendierte Wirkungen nicht an Hierarchiemustern und Rollenkonflikten scheitern [9; 47].

A.3+ folgt der Logik der Qualitätskosten und erhöht bewusst die Anteile von Präventions- und Prüfaufwänden, um die deutlich teureren internen und externen Fehlerkosten zu senken, die in empirischen Verteilungen häufig den Großteil der Qualitätskosten ausmachen [36; 48]. Die bekannte Kostenrelation, wonach ein Euro Prävention im Mittel etwa fünf Euro in der Ausführung und bis zu fünfzehn Euro in der Nutzung substituiert, rechtfertigt Ablauf-Simulationen, automatisierte Kollisionsprüfungen und ein kontinuierliches Kostenmodell, weil Risiken früher erkannt und zielgerichtet gesteuert werden [48; 49]. Ein dokumentierter Fall belegt ein Verhältnis von ungefähr eins zu sieben zwischen Simulations- und Logistikkosten von rund 45.000 € und vermiedenen Verzugsfolgen von mindestens 320.000 €, was die Wirtschaftlichkeit präventiver Maßnahmen anschaulich untermauert [3; 33]. Die Interviews fordern klare Verantwortungsteilung, periodische gemeinsame Risikoüberprüfungen und eine faire Verteilung präventiver Budgets, damit Kostendruck nicht gerade jene Maßnahmen verdrängt, die erwiesenermaßen die größte Schutzwirkung entfalten [1; 50].

A.4+ bildet die informationsökonomische Grundlage der Module, indem eine strukturierte und versionierte Datenhaltung mit Freigabestufen, Verantwortlichkeiten und regelmäßigen Prüfungen etabliert wird, die Nachvollziehbarkeit, Konsistenz und zeitnahe Entscheidungsfähigkeit sicherstellt [16; 20]. Die Wirkung zeigt sich in der Reduktion von Such- und Abstimmungsaufwänden, die ohne strukturierte Systeme häufig zwischen fünfzehn und dreißig Prozent der Arbeitszeit binden, sowie in der Vermeidung fehlerinduzierter Folgekosten, die aus veralteten oder inkonsistenten Informationen entstehen [51; 52]. Eine kontinuierliche fünf-dimensional angelegte Kostenführung übersetzt Planänderungen unmittelbar in Kostenwirkungen und verhindert so Budgetüberschreitungen bis in den siebenstelligen Bereich, weil Entscheidungen auf vollständiger, aktueller Datengrundlage getroffen werden [18; 52]. Die Interviews verlangen hierfür einen verbindlichen, gemeinsam getragenen Regelungsplan für das Datenmanagement mit Schulungspflichten, einem klaren Änderungsprotokoll und eindeutigen Zuständigkeiten bei Modelländerungen, damit die digitale Arbeitsweise nicht nur technisch, sondern vor allem organisatorisch verlässlich verankert ist [46; 50].

4.1.1.6 Implikationen für die Umsetzung der A+ Module

Die Implikationen für die Umsetzung eines modernen CM-Leistungsbildes ergeben sich aus der konsequenten Verlagerung von reaktiven Konflikt- und Korrekturmechanismen hin zu präventiven, kollaborativ und digital verankerten Projektpraktiken, die Transaktions- und Fehlerkosten messbar senken und die Zielerreichung in Zeit, Kosten und Qualität stabilisieren [44; 53]. Damit diese Verschiebung wirksam wird, müssen Auswahlprozesse, Governance und Informationsführung bereits zu Projektbeginn auf Qualität, Transparenz und gemeinsame Zielbilder ausgerichtet werden, wobei die im deutschen Rechts- und Vergabekontext bestehenden Restriktionen die vollständige Adaption internationaler IPA-Modelle zwar begrenzen, deren Kernelemente jedoch in Einzelverträgen und moderierten Strukturen umsetzbar bleiben [1; 53]. Der professorale Hinweis, operative Agenden und Checklisten nicht im Fließtext auszubreiten, sondern verdichtet darzustellen, ist als Umsetzungsprinzip zu verstehen, das die Planbarkeit erhöht und gleichzeitig die kognitive Last der Beteiligten reduziert, weshalb entsprechende Übersichten projektintern tabellarisch geführt und versioniert werden sollten [10; 54].

Für A.1+ bedeutet dies, dass die Teambildung systematisch über qualitätsbasierte Partnerauswahl, abgestimmte Zielsysteme und ein initiales Big-Room-Setting zu operationalisieren ist, damit Rollen, Schnittstellen und Entscheidungswege verbindlich und überprüfbar werden [5; 9]. Die ökonomische Logik der Umsetzung liegt in der bewussten Inkaufnahme höherer Pre-Contract-Aufwände, da Post-Contract-Transaktionskosten in konventionellen Projekten empirisch im Mittel bei 8,48 % des Vertragswertes liegen und damit etwa 2,3-mal höher ausfallen als Pre-Contract-Kosten von 3,64 %, was ein klares Einsparfenster für frühe Governance-Investitionen schafft [44; 45]. Wirksamkeitskritisch sind dabei Vertrauen, Kommunikationsqualität und echte Entscheidungskompetenz im Raum, da Projekte mit hoher Kollaborationsqualität signifikant niedrigere Gesamttransaktionskosten aufweisen und opportunistisches Verhalten messbar gedämpft wird [51; 55]. Da Big-Room-Agenden und Checklisten nach Empfehlung kompakt zu führen sind, sollten sie projektseitig als lebende Tabellen mit klaren Zuständigkeiten und Fristen gepflegt und im CDE versioniert werden, um Verbindlichkeit und Nachvollziehbarkeit sicherzustellen [16; 20].

Die Umsetzung von A.2+ erfordert eine rhythmische Moderationsarchitektur über den Lebenszyklus, in der Design-Thinking-Formate zur Visionsbildung, Last-Planner-Kaskaden für die Taktung der Ausführung sowie regelmäßige Retrospektiven als lernfördernde Schleifen miteinander verzahnt werden [9; 13]. Entscheidend ist, dass die wöchentlichen Commitment-Sessions des Last Planner Systems echte Zusagen der Ausführenden generieren, Hindernisse früh sichtbar machen und die Percent-Plan-Complete-Kennzahl systematisch erheben, wodurch PPC-Werte von über 80 % gegenüber unter 50 % in traditionell gesteuerten Projekten erreicht werden können [13; 24]. Moderation entfaltet ihren ökonomischen Hebel durch kürzere Entscheidungszyklen und reduzierte Reibungsverluste, wobei empirisch bis zu 30 % Effizienzsteigerung sowie durchschnittlich 40 % schnellere Entscheidungen berichtet werden, sofern psychologische Sicherheit, klare Rollen und ein verbindlicher Kommunikationsrahmen gewährleistet sind [53; 55]. Methodische Kompetenz, Neutralität und Konsequenz in der Nachverfolgung sind dabei erfolgskritisch, da andernfalls Eskalationen lediglich verschoben und nicht gelöst werden [9; 23].

A.3+ ist in der Umsetzung als konsequente Operationalisierung der Cost-of-Quality-Logik anzulegen, indem Präventions- und Prüfaufwände gezielt erhöht werden, um die ungleich teureren internen und externen Fehlerkosten zu reduzieren, die in der Praxis häufig den Großteil der Qualitätskosten ausmachen [36; 48]. Empirische Verteilungen mit

5,8 % Prävention, 43,5 % internen Fehlern und 50,7 % externen Fehlern zeigen das Missverhältnis deutlich, weshalb die Zuordnung präventiver Methoden zu konkreten Risiken über eine belastbare Methoden-Matrix zu erfolgen hat [36; 56]. Kostenrelationen belegen, dass ein Euro Prävention im Mittel fünf Euro in der Ausführung und bis zu fünfzehn Euro in der Nutzung substituiert, weshalb 4D-Ablaufsimulation, automatisierte Kollisionsprüfung und kontinuierliches 5D-Controlling ein direktes Return-on-Prevention-Profil aufweisen [48; 49]. Zusätzlich zeigen Multi-Objective-Analysen Gesamtkostensenkungen von acht bis zwölf Prozent trotz höherer Präventionsaufwände, während Lean- und Agile-Praktiken Qualitätskosten um bis zu zwanzig Prozent reduzieren, was die Kombination technischer und prozessualer Prävention nahelegt [57; 58].

Die Wirksamkeit präventiver Maßnahmen lässt sich durch belastbare Fallbelege unterstreichen, die den kausalen Pfad zwischen Intervention und vermiedenem Schaden nachvollziehbar machen und damit die Implementierungsbereitschaft erhöhen [3; 33]. So konnte in einem großvolumigen Büroprojekt die frühzeitige 4D-Simulation einen kritischen Logistikengpass bei der Fassadenmontage identifizieren und durch Anpassung des Taktplans sowie temporäre Lagerflächen einen geschätzten Terminverzug von drei Wochen vermeiden, was bei Kosten von rund 45.000 € für Simulation und Fläche einem vermiedenen Schaden von mindestens 320.000 € entsprach [3; 33]. Ergänzend zeigt die Praxis der wöchentlichen modellbasierten Koordination, dass geometrische Konflikte zwischen TGA und Tragwerk in einem Planungsstadium gelöst werden können, in dem ihre Behebung ohne physische Umbauten möglich ist, wodurch ausführungsspezifische Konflikte um bis zu 60 % reduziert werden [17; 18]. Die Wirksamkeit steigt, wenn Maßnahmen kollektiv getragen, im Risiko-Register priorisiert und in festen Prüfzyklen mit Verantwortlichkeiten und Terminen nachverfolgt werden [3; 33].

Die Umsetzung von A.4+ verlangt klare Governance, ein belastbares Regelwerk und technische Disziplin in der Datenführung, damit aus BIM und CDE eine Single Source of Truth mit nachvollziehbaren Freigabestufen und konsistenten Verantwortlichkeiten entsteht [16; 20]. Ein projektspezifischer BIM-Execution-Plan ist als lebendes Dokument zu führen, das Modellierungstiefe, Austauschformate, Prüfprozesse sowie Rollen definiert und über regelmäßige Audits auf Einhaltung geprüft wird, wobei sich die Struktur an anerkannten Referenzen orientiert und die Automatisierung der Metadatenverarbeitung ermöglicht [12; 20]. Wirtschaftlich ist dieser Aufwand tragfähig, da initiale Investitionen in Höhe von etwa 0,5 bis 1,5 % der Bausumme typischerweise durch reduzierte Informations- und Fehlerkosten überkompensiert werden, zumal Beteiligte ohne strukturierte Systeme zwischen 15 und 30 % ihrer Arbeitszeit mit Informationssuche verbringen [5; 51]. Die Wirkung skaliert über Echtzeit-fähiges 5D-Controlling und transparente Änderungsverfolgung, wodurch Fehlentscheidungen und Budgetüberschreitungen vermieden werden, mit dokumentierten Vermeidungsbeträgen bis in den siebenstelligen Bereich [49; 52].

Schließlich erfordert die modulübergreifende Umsetzung ein gestuftes Einführungskonzept, das Beschaffung, Vertragsgestaltung, Rollenklärung, Schulung und technische Inbetriebnahme orchestriert, damit Governance-Elemente und digitale Praktiken nicht isoliert, sondern komplementär wirksam werden [18; 20]. Rechtliche und kulturelle

Restriktionen limitieren zwar Mehrparteienverträge und vollautomatisierte Vertragsausführung, doch lassen sich partnerschaftliche Anreize, Open-Book-Transparenz und abgestimmte Zielsysteme in Einzelverträgen verankern, wenn Prüf- und Dokumentationsprozesse verlässlich digital unterstützt werden [1; 59]. Erfolgskritisch sind messbare Kriterien wie PPC, Kollisions-Durchlaufzeiten, Entscheidungs-Lead-Times und Kostenvolatilität je Planungsänderung, die als Führungsgrößen in Lenkungskreisen zu verankern sind und in Retrospektiven systematisch bewertet werden [24; 52]. Da Zahlenwerte projektspezifischen Kontexten und Datendisziplin unterliegen, ist eine transparente Datengrundlage mit klarer Verantwortlichkeit und konsistenter Auditierung Voraussetzung für belastbare ökonomische Nachweise [6; 8].

4.1.1.7 Wirtschaftliche Implikationen für die A+ Module

Frühe Investitionen in partnerschaftliche Auswahlverfahren, kollaborative Governance und digitale Transparenz verschieben die Kostenstruktur von reaktiven Konflikt-, Claim- und Korrekturaufwänden hin zu proaktiven Präventions- und Steuerungsleistungen, wodurch nachgelagerte Transaktions- und Fehlerkosten spürbar sinken und die Zielbeziehungen von Zeit, Kosten und Qualität robuster werden [18; 44]. Empirisch zeigt sich diese Logik bereits in der Beschaffungsphase, da qualitätsbasierte Verfahren zwar höhere Pre-Contract-Aufwände verursachen, jedoch Post-Contract-Transaktionskosten in konventionellen Projekten im Mittel bei 8,48 % des Vertragswertes liegen und damit etwa 2,3-mal höher sind als Pre-Contract-Kosten von 3,64 %, womit sich ein deutliches Einsparfenster für frühe Governance-Investitionen öffnet [44; 45]. Über den Projektlebenszyklus weisen Studien aggregierte Reduktionspotenziale von Transaktionskosten im Bereich von 15 bis 25 % aus, sofern kollaborative Strukturen, transparente Informationsführung und anreizkompatible Verträge konsistent implementiert werden [18; 53]. Damit entsteht ein risikoadjustiertes Kosten-Nutzen-Profil, das nicht nur unmittelbare Konfliktkosten absenkt, sondern auch Opportunismusdämpfung, schnellere Einigungen und weniger Leistungsstörungen bewirkt, wobei kulturelle Faktoren wie Vertrauen und Verlässlichkeit die Wirksamkeit dieser Mechanismen wesentlich bestimmen [53; 55].

Im Zusammenwirken von A.1+ und A.2+ werden zentrale Treiber von Transaktionskosten gezielt adressiert, da Beziehungsqualität, klare Verantwortlichkeiten und strukturierte Kommunikation die für Bauprojekte typischen Koordinations- und Verhandlungslasten reduzieren, die empirisch zu den bedeutendsten Kostentreibern zählen [18; 51]. Dabei ist die ökonomische Begründung doppelt gelagert, weil einerseits die Verteuerung der Beschaffungsphase durch qualitätsorientierte Auswahl gegenüber Preisdruckverfahren bewusst in Kauf genommen wird und andererseits die deutlich höheren Post-Contract-Kosten durch vermiedene Konflikte, antizipierte Schnittstellenrisiken und klare Entscheidungsrechte überkompensiert werden [44; 45]. Professionelle Teammoderation hebt zusätzlich den Effizienzhebel, indem Entscheidungszyklen um bis zu 30 % verkürzt und interdisziplinäre Entscheidungen im Durchschnitt bis zu 40 % schneller getroffen werden, was Reibungsverluste und redundante Arbeit verringert [53; 55]. Ökonomisch resultiert daraus typischerweise ein Verhältnis, nach dem jeder in Moderation investierte Euro etwa drei bis fünf Euro an Koordinations- und Fehlerkosten vermeidet, sofern Moderation mit verbindlichen Kommunikationsregeln, psychologischer Sicherheit und konsistenter Rollenklärung unterlegt wird [53; 55].

A.3+ operationalisiert die Cost-of-Quality-Rationalität, indem Präventions- und Prüfaufwände bewusst erhöht werden, um die ungleich teureren internen und externen Fehlerkosten zu senken, die in vielen Projekten den Löwenanteil der Qualitätskosten ausmachen [36; 48]. In empirischen Analysen entfallen lediglich 5,8 % der Qualitätskosten auf Prävention, jedoch 43,5 % auf interne und 50,7 % auf externe Fehler, was das inhärente Missverhältnis zwischen frühem Aufwand und späteren Korrekturen belegt [36; 56]. Kostenrelationen zeigen, dass ein Euro Prävention durchschnittlich fünf Euro in der Ausführung und bis zu fünfzehn Euro in der Nutzung substituiert, sodass 4D-Simulation, Kollisionsprüfung und kontinuierliches 5D-Controlling einen direkten Return on Prevention erzeugen [48; 49]. Optimierungsstudien belegen trotz höherer Präventionsaufwände Gesamtkostensenkungen von etwa acht bis zwölf Prozent, während die Integration schlanker und agiler Praktiken Qualitätskosten um bis zu zwanzig Prozent reduziert, was die Verknüpfung technischer und prozessualer Prävention nahelegt [57; 58]. Ein Praxisbefund unterlegt diese Größenordnung mit einem Verhältnis von ungefähr eins zu sieben zwischen Simulationskosten von 45.000 € und vermiedenen Verzugsfolgen von rund 320.000 €, was die Wirksamkeit periodischer, kollektiv getragener Risiko-Reviews zusätzlich stützt [33; 49].

A.4+ hebt den informationsökonomischen Hebel, da eine integrierte BIM-CDE-Infrastruktur Such-, Verarbeitungs- und Übertragungskosten senkt, Datenkonsistenz sicherstellt und Entscheidungen beschleunigt, wodurch typische Verluste fragmentierter Datenhaltungen vermieden werden [18; 52]. In vielen Projektumfeldern verbringen Beteiligte ohne strukturierte Systeme zwischen 15 und 30 % ihrer Arbeitszeit mit Informationssuche, während initiale Investitionen in Software, Infrastruktur, Schulung und projektspezifische Standards im Bereich von etwa 0,5 bis 1,5 % der Bausumme liegen, die durch laufende Einsparungen regelmäßig überkompensiert werden [51; 52]. Die Wirkung skaliert mit der Komplexität, da digitale Reife die Transaktions- und Koordinationskosten besonders in Multi-Stakeholder-Konstellationen reduziert und zugleich die Nachvollziehbarkeit erhöht, was Streitpotenziale messbar verringert [18; 55]. Zudem verhindert Echtzeit-fähiges 5D-Controlling kostenintensive Fehlentscheidungen und Budgetüberschreitungen, wie die Vermeidung eines Mehraufwands in der Größenordnung von 700.000 € exemplarisch zeigt, wodurch die anfänglichen CDE-Aufwände ökonomisch eindeutig gerechtfertigt sind [49; 52].

4.1.2 Strategisches Vertragsmanagement

Das strategische Vertragsmanagement bildet das kommerzielle und rechtliche Fundament für die erfolgreiche Implementierung kollaborativer Projektstrukturen im modernen Construction Management. Die nachfolgende RACI-Matrix definiert die Rollen und

Verantwortlichkeiten für die Module E.1+ bis E.4+, die einen fundamentalen Paradigmenwechsel von der traditionellen, preis-fokussierten Einzelvergabe hin zu partnerschaftlichen Allianzmodellen vollziehen.

Im Gegensatz zur klassischen Vertragsabwicklung, die primär auf Risikoübertragung und juristischer Absicherung basiert, zielen diese erweiterten Module auf die Schaffung von Anreizstrukturen ab, die alle Projektbeteiligten zur gemeinsamen Wertschöpfung motivieren. Der Construction Manager übernimmt dabei eine neue Rolle als strategischer Vertragsarchitekt, der nicht nur administrative Aufgaben erfüllt, sondern aktiv innovative Vergabe- und Kooperationsmodelle entwickelt und implementiert.

Die Verantwortlichkeitsverteilung berücksichtigt die spezifischen Herausforderungen des deutschen Rechtsrahmens, insbesondere die Anforderungen des Vergaberechts und der HOAI, und zeigt gleichzeitig Wege auf, wie innerhalb dieser Grenzen partnerschaftliche Strukturen etabliert werden können. Dabei wird deutlich, dass der Bauherr zwar die strategische Entscheidungsgewalt behält, jedoch auf die fachliche Expertise des CM in der Konzeption und Umsetzung neuer Vertragsmodelle angewiesen ist.

Die Integration von Rechtsberatung als eigenständige Rolle unterstreicht die Komplexität dieser Module und die Notwendigkeit einer engen Abstimmung zwischen technischen, kommerziellen und juristischen Aspekten. Besonders bei der Entwicklung digitaler Vertragsadministration mit Smart-Contract-Elementen entstehen völlig neue Anforderungen an die interdisziplinäre Zusammenarbeit.

Die Matrix zeigt auch die Evolution der Planungsverantwortung: Während bei traditionellen Vertragsmodellen Architekten und Fachplaner primär für ihre eigenen Leistungen verantwortlich sind, werden sie in kollaborativen Strukturen zu aktiven Partnern bei der Gestaltung der Gesamtprojektabwicklung (Abb. 4.6).

CM-Module	Construction Manager	Bauherr/Auftraggeber	Rechtsberatung	Architekt/Objektplaner	Fachplaner	Ausführende Unternehmen
E.1+ Partnerschaftliche Vergabemodelle Entwicklung qualitätsorientierter Partnerauswahlprozesse	R	A	C	I	I	I
E.2+ Anreizsysteme für Kollaboration Synchronisierung kommerzieller Interessen durch Bonus-Malus-Systeme	R	A	C	C	C	C
E.3+ Integriertes Claim-Management Proaktive Konfliktprävention durch mehrstufige Lösungskaskade	R	I	C	A	A	A
E.4+ Digitale Vertragsadministration Blockchain-basierte Smart Contracts für automatisierte Prozesse	R	A	C	C	C	C

Abb. 4.6 RACI-Matrix für die Leistungsmodule E.1+ bis E.4+. (Eigene Darstellung)

4.1.2.1 Modul E.1+ Partnerschaftliche Vergabemodelle entwickeln

Die konzeptionelle Grundlage dieses Moduls ergibt sich direkt aus den Analysen zur Integrierten Projektabwicklung in Abschn. 3.1.2 sowie aus den für den Handlungsbereich E ermittelten Übertragungspotenzialen gemäß Abschn. 3.3.2. Diese Erkenntnisse verdeutlichen fundamentale Schwachstellen im deutschen Vergabesystem, dessen primäre Ausrichtung auf Minimalpreise eine wirksame projektübergreifende Zusammenarbeit strukturell unterbindet.

Empirische Untersuchungen belegen, dass Auswahlverfahren, die Qualifikationen, Kooperationsfähigkeit und den Mehrwert der Projektbeteiligten gegenüber ausschließlichen Preiserwägungen priorisieren, konfliktbedingte Projektstörungen um bis zu 60 % verringern und zugleich die Bereitschaft zu innovativen sowie optimierenden Lösungsansätzen bei allen Akteuren merklich erhöhen können. Die international beobachtbare Abkehr von konfrontativen Ausschreibungsverfahren zugunsten kommunikationsbasierter, mehrstufiger Partnerwahlprozesse – wie sie in IPD- und Design-Build-Projekten praktiziert werden – stellt die methodische Basis für das hier konzipierte Modul dar. Dieses hebt die in der AHO-Grundleistung E.3 lediglich als unterstützende Tätigkeit charakterisierte Vergabebegleitung auf die Ebene einer strategischen Kernkompetenz des Construction Managers [5; 60].

Das Modul E.1+ initiiert einen Paradigmenwechsel, der die traditionelle, primär auf den niedrigsten Preis fokussierte Vergabe von Bau- und Planungsleistungen durch einen strategischen, qualitätsorientierten Partnerauswahlprozess ersetzt. An die Stelle der in Deutschland vorherrschenden sequenziellen und oft adversarischen Beauftragung von Einzelleistungen tritt die frühzeitige und verbindliche Formierung einer Projektallianz, deren Mitglieder auf Basis ihrer Kompetenz, ihrer Kollaborationsfähigkeit und ihres Beitrags zum Projektwert ausgewählt werden [1; 7]. Dieser Ansatz adaptiert die Kerngedanken international etablierter Modelle wie dem IPD und dem Design-Build DB, die eine Auflösung der starren Trennung von Planung und Ausführung anstreben, um die in der Praxis allgegenwärtigen Schnittstellenverluste zu minimieren [8; 60]. Die Aufgabe des Construction Managements geht hierbei weit über die in der AHO-Grundleistung E.3 beschriebene „Mitwirkung bei der Vergabe" hinaus [5; 11]. Der CM agiert als strategischer Architekt des Vergabeprozesses, der in enger Abstimmung mit dem Bauherrn ein mehrstufiges, dialogorientiertes Auswahlverfahren konzipiert, das nicht nur technische und kommerzielle Aspekte, sondern explizit auch die soziale Passung und die kulturelle Übereinstimmung der potenziellen Partner evaluiert [61; 62] (Abb. 4.7).

4.1.2.2 Modul E.2+ Anreizsysteme für Kollaboration etablieren

Dieses Modul basiert auf den in Abschn. 3.1.2 umfassend untersuchten Vergütungsstrukturen der Integrierten Projektabwicklung sowie auf den in Abschn. 3.3.2 herausgearbeiteten Schwachstellen konventioneller Vertragsgestaltungen. Im Fokus steht dabei die zentrale Problematik adversarischer Nullsummenverträge, die durch ihre ausschließliche Fokussierung auf partikulare Einzelinteressen eine gemeinschaftliche Optimierung des Gesamtprojekterfolgs strukturell behindern [26; 27].

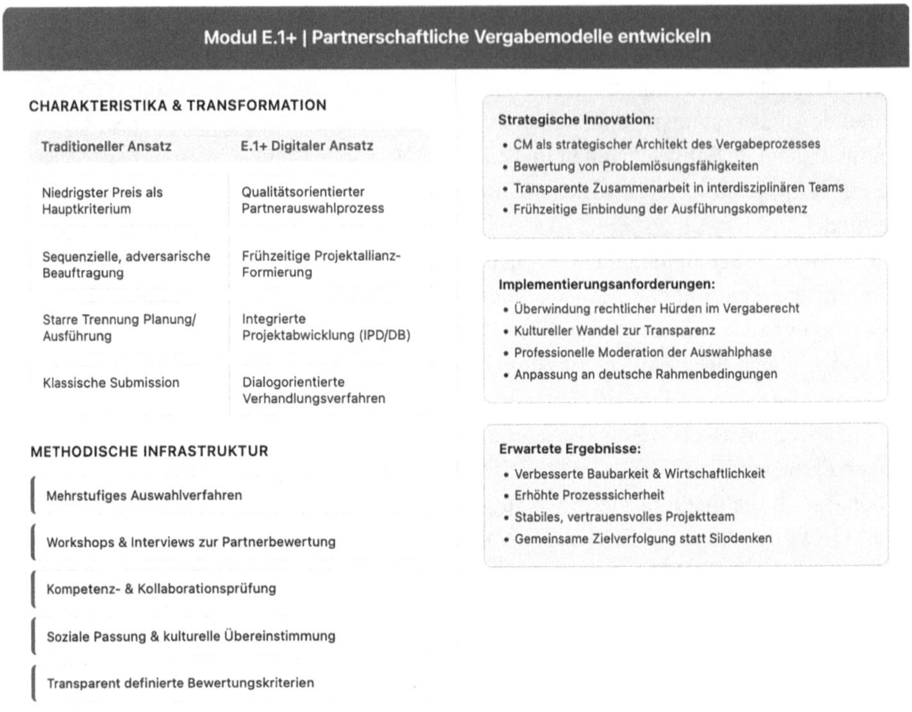

Abb. 4.7 Zusammenfassende Darstellung des Moduls E.1+ in Anlehnung an [1; 38]

Forschungsergebnisse zeigen, dass der Einsatz von Shared-Risk-Reward-Strukturen sowie transparenten Open-Book-Kalkulationsansätzen die Anzahl konfliktinduzierter Claims um bis zu 40 % senken kann, während gleichzeitig sowohl die Innovationsaktivität als auch die eigeninitiative Erschließung von Einsparmöglichkeiten seitens der Projektpartner deutlich zunimmt. Die international dokumentierte Entwicklung weg vom konfrontativen „Ich-gegen-Dich„-Denken hin zu einer kooperativen „Win-Win"-Ausrichtung durch gezielte Anreizsysteme bildet das theoretische Fundament für die nachfolgend dargestellte Modulkonzeption. Diese positioniert die kommerzielle Interessenharmonisierung als strategisches Steuerungselement des Construction Managements und erweitert damit den Umfang der in der AHO-Grundleistung E.1 beschriebenen reinen Vertragsstrukturierung [5; 60].

Aufbauend auf der partnerschaftlichen Auswahl der Projektbeteiligten zielt das Modul E.2+ darauf ab, die kommerziellen Interessen der einzelnen Akteure durch ein intelligentes, vertraglich verankertes Anreizsystem zu synchronisieren und auf das gemeinsame Projektziel auszurichten. Dieses Modul stellt eine direkte Antwort auf die adversarische Nullsummenlogik traditioneller Verträge dar, bei der der Gewinn des einen oft den Verlust des anderen bedeutet, was systematisch zu Claim-Management und konfrontativen Auseinandersetzungen führt [26; 27]. Stattdessen werden Mechanismen etabliert, die den

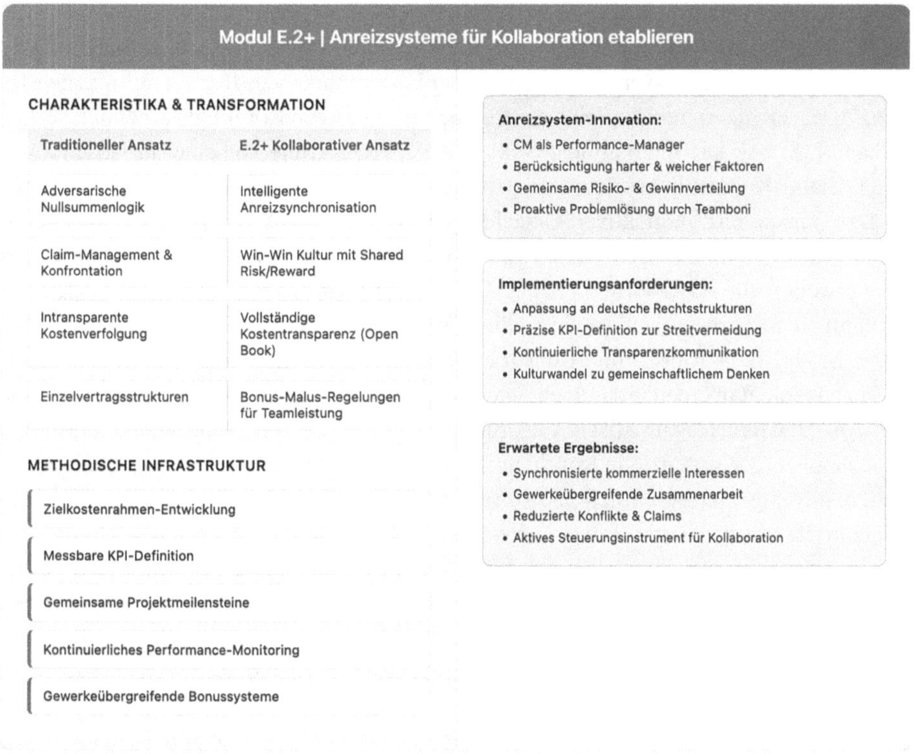

Abb. 4.8 Zusammenfassende Darstellung des Moduls E.2+ in Anlehnung an [60; 63]

gemeinsamen Erfolg belohnen und das gemeinsame Risiko fair verteilen, um so eine Kultur des „Win-Win“ zu fördern [14; 63]. Die theoretische Grundlage hierfür liefern Vergütungsmodelle aus der Integrierten Projektabwicklung IPA, die auf dem Prinzip der vollständigen Kostentransparenz „Open Book“ und einem gemeinsamen „Shared Risk/Reward“-System basieren [14; 60]. Der Construction Manager übernimmt in diesem Kontext die anspruchsvolle Aufgabe, gemeinsam mit der Projektallianz einen realistischen Zielkostenrahmen zu entwickeln und ein Anreizmodell zu konzipieren, das sowohl harte, messbare Faktoren wie Kosten- und Terminunterschreitungen als auch weichere, qualitätsorientierte Ziele berücksichtigt [14; 60] (Abb. 4.8).

4.1.2.3 Modul E.3+ Integriertes Claim-Management mit Konfliktprävention

In unmittelbarer Anwendung der in Abschn. 3.1.1 erläuterten Lean-Prinzipien zur Fehlervermeidung sowie der in Abschn. 3.1.2 untersuchten Konfliktlösungsmechanismen integrierter Projektabwicklungsmodelle steht die fundamentale Transformation des traditionell reaktiven und konfrontativen Nachtragsmanagements in einen proaktiven Prozess gemeinschaftlicher Problembearbeitung im Mittelpunkt [3; 8].

Empirische Studien belegen, dass die Implementierung mehrstufiger, deeskalierender Konfliktlösungskaskaden in Kombination mit einer Kultur psychologischer Sicherheit die Eskalation von Meinungsverschiedenheiten zu kostenintensiven Rechtsstreitigkeiten um bis zu 70 % verringern und zugleich die Bearbeitungszeit von Konflikten erheblich verkürzen kann [38; 64]. Die international beobachtbare Verlagerung von einer juristisch dominierten Claim-Kultur hin zu einem integrierten Dispute-Resolution-System, das auf frühzeitiger Transparenz, kollektiver Ursachenanalyse und ausgewogener Lösungsfindung aufbaut, stellt die methodische Basis für die nachfolgend konzipierte Modulstruktur dar. Diese erweitert die AHO-Grundleistung E.9 (Prüfung von Nachträgen) substanziell und verknüpft sie mit präventiven sowie mediativen Steuerungsmechanismen [5; 27].

Das Modul E.3+ transformiert das traditionelle, oft reaktive und eskalierende Nachtragsmanagement in einen proaktiven, integrierten Prozess der Konfliktprävention und -lösung. Anstatt Claims als juristisches Instrument zur Durchsetzung von Einzelinteressen zu betrachten, werden potenzielle Konflikte als systemische Störungen im Projektablauf verstanden, die es gemeinschaftlich und so früh wie möglich zu beheben gilt [5; 64]. Dieser Ansatz bricht mit der in der Praxis weit verbreiteten Kultur des Misstrauens, bei der Probleme oft bewusst zurückgehalten werden, um sie zu einem späteren, strategisch günstigen Zeitpunkt als Forderung zu platzieren [27; 38]. Die zentrale Aufgabe des Construction Managements besteht darin, eine Projektkultur und die dazugehörigen Prozesse zu etablieren, die auf maximale Transparenz und psychologische Sicherheit abzielen, sodass alle Beteiligten ermutigt werden, Risiken und Abweichungen offen und ohne Furcht vor Sanktionen anzusprechen [2; 23]. Methodisch wird dies durch die Implementierung von Lean-Prinzipien unterstützt, bei denen jede Abweichung vom Plan als Chance zur gemeinsamen Prozessverbesserung gesehen wird [3; 13] (Abb. 4.9).

4.1.2.4 Modul E.4+ Digitale Vertragsadministration mit Smart-Contract-Elementen

Aufbauend auf den in Abschn. 3.2.2 dargelegten Erkenntnissen zu disruptiven Technologien im Construction Management, insbesondere Blockchain und Smart Contracts, sowie den in Abschn. 3.3.2 identifizierten Digitalisierungspotenzialen für den Handlungsbereich E erfolgt hier die konzeptionelle Entwicklung einer fundamentalen Transformation des Vertragsmanagements – weg von manueller, dokumentenzentrierter Administration hin zu einem digitalisierten, teilweise selbstausführenden Transaktionssystem [65; 66].

Empirische Untersuchungen zeigen, dass die Integration Blockchain-basierter Smart Contracts in Bauprojekte die Transaktionskosten für Vertragsabwicklung und Zahlungsfreigaben um bis zu 30 % senken, die Transparenz sämtlicher vertragsrelevanter Vorgänge grundlegend erhöhen und zugleich das Vertrauen zwischen den Projektpartnern durch die Manipulationssicherheit dezentraler Datenhaltung merklich steigern kann [67; 68]. Die international dokumentierte Entwicklung von papiergestützten, intransparenten Vertragsbeziehungen hin zu digitalisierten, regelbasierten und automatisierten Transaktionssystemen bildet die technologische Grundlage für die nachfolgend entwickelte Modulkonzeption, welche die AHO-Grundleistungen E.8 (Mitwirkung bei der Abrech-

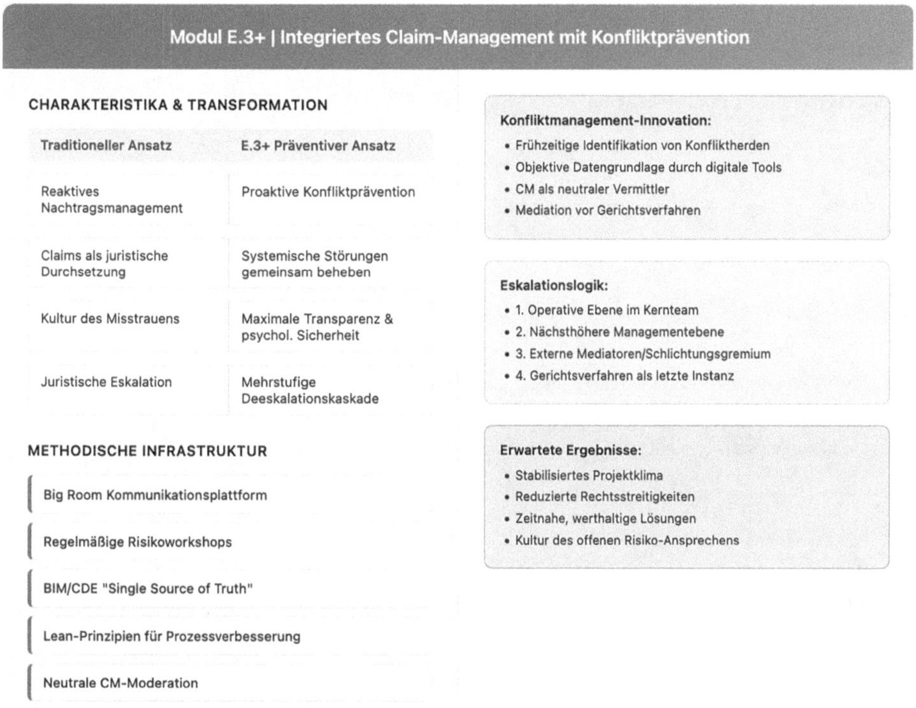

Abb. 4.9 Zusammenfassende Darstellung des Moduls E.3+ in Anlehnung an [27; 64]

nung) und E.10 (Kostenfeststellung) mit innovativen Automatisierungsmechanismen verknüpft [5; 65].

Das Modul E.4+ hebt das Vertragsmanagement auf eine neue technologische Stufe, indem es manuelle, papierbasierte Prozesse durch eine digitale, teilweise automatisierte Vertragsadministration ersetzt, die auf den Technologien der Blockchain und sogenannter Smart Contracts aufbaut [65; 66]. Dieser Ansatz adressiert fundamentale Probleme der Branche wie mangelndes Vertrauen, ineffiziente Freigabeprozesse und die aufwendige, fehleranfällige Prüfung von Rechnungen und Leistungsnachweisen [65; 68]. Die Blockchain-Technologie fungiert hierbei als dezentraler, manipulationssicherer und für alle autorisierten Partner transparenter Datenspeicher, der eine unveränderliche Historie aller vertragsrelevanten Transaktionen und Dokumente gewährleistet [65; 67]. Das größte transformative Potenzial entfaltet sich jedoch durch die darauf aufbauenden Smart Contracts. Hierbei handelt es sich um selbstausführende Computerprotokolle, die Vertragsbedingungen digital abbilden und vordefinierte Aktionen automatisch auslösen, sobald die entsprechenden Bedingungen erfüllt sind. Der Construction Manager übernimmt dabei die Rolle des Systemarchitekten, der in Zusammenarbeit mit den Partnern die Logik dieser digitalen Vertragselemente entwickelt und deren Anbindung an die realen Projektprozesse sicherstellt (Abb. 4.10).

Abb. 4.10 Zusammenfassende Darstellung des Moduls E.4+ in Anlehnung an [65; 67]

4.1.2.5 Implikationen für die Umsetzung der E+ Module

Die Implikationen für die Umsetzung der strategischen Vertragsmanagement-Module (E+) ergeben sich aus der Notwendigkeit, den in den A + -Modulen definierten kollaborativen Organisationsstrukturen ein adäquates kommerzielles und rechtliches Fundament zur Seite zu stellen. Die konsequente Verlagerung von traditionell konfrontativen Vertragsbeziehungen hin zu partnerschaftlich ausgerichteten Governance-Strukturen zielt darauf ab, Transaktionskosten zu senken und die Zielerreichung durch die Synchronisierung der Partikularinteressen aller Beteiligten zu stabilisieren [44; 53]. Damit diese fundamentale Verschiebung wirksam werden kann, müssen die Auswahlprozesse, Anreizsysteme und Konfliktlösungsmechanismen bereits zu Projektbeginn auf Qualität, Transparenz und gemeinsame Zielbilder ausgerichtet werden. Die im deutschen Rechts- und Vergabekontext bestehenden Restriktionen begrenzen zwar die vollständige Adaption internationaler Mehrparteienvertragsmodelle, wie sie beispielsweise im Integrated Project Delivery (IPD) praktiziert werden [1; 59; 69]. Die hier entwickelten Module stellen jedoch einen praxistauglichen, evolutionären Pfad dar, indem sie die Kernelemente partnerschaftlicher Abwicklung in die etablierten deutschen Vertragsstrukturen integrieren und diese gezielt erweitern, anstatt sie vollständig zu ersetzen.

Für die praktische Umsetzung des Moduls E.1+ „Partnerschaftliche Vergabemodelle entwickeln" bedeutet dies eine bewusste Abkehr von der klassischen Submission mit dem Fokus auf den niedrigsten Preis und eine Hinwendung zu dialogorientierten Verhandlungsverfahren mit vorgeschaltetem Teilnahmewettbewerb [9; 21]. Solche mehrstufigen Verfahren ermöglichen es, die potenziellen Partner nicht nur anhand von Referenzen und Preisen, sondern in intensiven Workshops und Interviews qualitativ zu bewerten, wobei neben der fachlichen Kompetenz der Schlüsselpersonen auch deren Problemlösungsfähigkeiten und ihre Bereitschaft zur transparenten Zusammenarbeit evaluiert werden [9; 21]. Dem Construction Manager obliegt hierbei die anspruchsvolle Aufgabe, diese strategische Auswahlphase professionell zu moderieren, die Bewertungskriterien transparent zu definieren und dem Auftraggeber eine fundierte Entscheidungsgrundlage für die Auswahl der am besten geeigneten Allianzpartner zu liefern. Diese frühzeitige Einbindung von Ausführungskompetenz in die Konzeptions- und Planungsphase stellt den entscheidenden Hebel zur fundamentalen Verbesserung der Baubarkeit, Wirtschaftlichkeit und Prozesssicherheit dar [1; 70]. Die theoretische Fundierung dieses Ansatzes in der relationalen Vertragstheorie sowie in Forschungsarbeiten zu qualitätsbasierten Auswahlverfahren legitimiert diese Neuausrichtung wissenschaftlich [7; 62]. Wenngleich die empirische Validierung bestätigte, dass die Implementierung an tief verwurzelten Praktiken des Preiswettbewerbs sowie an erheblichen rechtlichen Hürden, insbesondere im öffentlichen Vergaberecht, scheitert [50; 59; 69; 71], wurde die grundsätzliche Notwendigkeit einer stärkeren Qualitätsorientierung von allen Experten unterstrichen. Infolgedessen ergibt sich aus der empirischen Rückmeldung die Präzisierung, das Modul E.1+ explizit um einen iterativen Dialogmechanismus zwischen Auftraggeber und Bietern zu erweitern, der bereits in der Ausschreibungsphase die Zusammensetzung der Auswahlkriterien und deren Gewichtung transparent offenlegt, um die Akzeptanz und Nachvollziehbarkeit der Zuschlagsentscheidung zu sichern.

Das Modul E.2+ „Anreizsysteme für Kollaboration etablieren" muss für den deutschen Markt pragmatisch an die bestehenden rechtlichen und kulturellen Rahmenbedingungen angepasst werden. Während ein reiner Mehrparteienvertrag mit gemeinsamen Risikopools, wie er in der reinen IPA-Lehre vorgesehen ist, in der Praxis auf hohe Akzeptanzhürden stößt, was die empirische Validierung in Abschn. 5.2.5.2 differenziert aufzeigte [59; 72], erweist sich die Implementierung von klar definierten Bonus-Malus-Regelungen innerhalb der bewährten Einzelvertragsstrukturen als deutlich praktikabler und anschlussfähiger [72; 73]. Der Construction Manager entwickelt hierzu als eine Art Performance-Manager ein System, bei dem die Erreichung übergeordneter, gemeinsam definierter Projektmeilensteine – beispielsweise die fehlerfreie Fertigstellung eines Bauabschnitts oder die Einhaltung ambitionierter Energiekennwerte – mit einem finanziellen Bonus für das gesamte verantwortliche Team belohnt wird, was starke Anreize für eine gewerkeübergreifende Zusammenarbeit und proaktive Problemlösung schafft [27; 38]. Die theoretische Verankerung dieses Moduls in der Prinzipal-Agenten-Theorie sowie in kooperativen Spieltheorien legitimiert die systematische Neugestaltung der kommerziellen Beziehungen, deren Dysfunktionalität in traditionellen Modellen als zentrale Ursache für die adversarische Branchenkultur identifiziert wurde [27; 63]. Die empirische Validierung verdeutlichte, dass Bonus-Malus-Regelungen zwar grundsätzlich als wirksames Steuerungsmittel akzeptiert werden, ihre praktische Wirkung jedoch entscheidend von der konkreten Ausgestaltung und Messbarkeit der zugrunde liegenden Kennzahlen abhängt [1; 34]. Die Experten betonten, dass KPIs nicht nur objektiv und nachvollziehbar, sondern für die Partner auch aktiv beeinflussbar sein müssen. Infolgedessen wird das Modul E.2+ im Sinne dieses Feedbacks gezielt um den Anspruch ergänzt, dass die Entwicklung und Gewichtung der maßgeblichen KPIs in einem moderierten, partnerschaftlichen Workshop zu Projektbeginn kollaborativ festgelegt werden muss, um maximale Akzeptanz, Rechtssicherheit und Effektivität des Anreizsystems sicherzustellen.

Die operative Umsetzung des Moduls E.3+ „Integriertes Claim-Management mit Konfliktprävention“ stützt sich auf zwei Säulen: die frühzeitige Identifikation potenzieller Konfliktherde sowie die Etablierung einer mehrstufigen, deeskalierenden Konfliktlösungskaskade. Der Construction Manager nutzt die in den A+-Modulen etablierte Kommunikationsplattform, um in regelmäßigen Risikoworkshops potenzielle Störungen im Team zu antizipieren und präventive Maßnahmen zu definieren [14; 60]. Die durch BIM und CDE geschaffene „Single Source of Truth" liefert hierfür die objektive Datengrundlage und verhindert Diskussionen auf Basis unterschiedlicher Informationsstände [16; 20]. Kommt es dennoch zu einer Meinungsverschiedenheit, greift eine vorab definierte Eskalationslogik: Anstatt unmittelbar Juristen einzuschalten, wird der Konflikt zunächst auf der operativen Ebene im Kernteam behandelt, bevor die nächsthöhere Managementebene oder externe Mediatoren als letzte Instanz vor einem Gerichtsverfahren angerufen werden [8; 38]. Die theoretische Fundierung dieses Moduls in der Forschung zur organisationalen Resilienz und zu alternativen Streitbeilegungsverfahren legitimiert die Verschiebung vom reaktiven Nachtragsmanagement zur aktiven Konfliktprävention [8; 64]. Das Modul synthetisiert dabei Erkenntnisse aus Lean Construction, IPA und der Mediationsforschung zu einem kohärenten Leistungsbild [3; 38]. Die Analyse der Experteninterviews offenbarte, dass klassische Claim-Prozesse oft durch mangelnde Transparenz und späte Kommunikation geprägt sind, was zu Eskalationen führt [34; 46]. Die Praktiker mahnten daher an, dass für eine wirksame Deeskalation objektive, konsensbasierte Eskalationsmechanismen notwendig sind. Somit wird das Modul E.3+ dahingehend präzisiert, dass ein verbindlicher, stufenweiser Eskalationsprozess im Team vereinbart werden muss, der nicht nur die technische, sondern auch die kommunikative Dimension der Nachtragsabwicklung strukturiert und bereits in der Startphase trainiert wird.

Das Modul E.4+ „Digitale Vertragsadministration mit Smart-Contract-Elementen“ hebt das Vertragsmanagement auf eine neue technologische Stufe, wenngleich seine flächendeckende Implementierung aufgrund regulatorischer Unsicherheiten noch eine Zukunftsvision darstellt [65; 66]. Ein konkretes Anwendungsbeispiel ist die Automatisierung des Zahlungsfreigabeprozesses, einer zentralen Leistung im AHO-Handlungsbereich E [5; 11]. Anstatt einer langwierigen manuellen Rechnungsprüfung könnte ein Smart Contract die Zahlung automatisch auslösen, sobald der Leistungsnachweis digital erbracht wird, beispielsweise durch IoT-Sensoren oder einen Scan-vs-BIM-Abgleich [74; 75; 76]. Diese

Automatisierung birgt ein enormes Potenzial zur Effizienzsteigerung und zur Erhöhung der Objektivität und des Vertrauens im Prozess [66; 68]. Die theoretische Verankerung dieses Moduls in der Forschung zur digitalen Transformation von Transaktionssystemen und zu vertrauensbildenden Technologien wie Blockchain legitimiert diese Neuausrichtung [65; 66]. Das Modul synthetisiert Erkenntnisse aus der Blockchain-Forschung, der Smart-Contract-Entwicklung und der BIM-Integration zu einem visionären Leistungsbild [67; 68]. Die Expertenbefragung offenbarte jedoch erhebliche Unsicherheiten bei Praktikern, insbesondere bei KMU und öffentlichen Bauherren, hinsichtlich der rechtlichen und technischen Komplexität [1; 50]. Herausforderungen bezüglich der Datenintegrität, der rechtssicheren Gestaltung automatisierter Abläufe und der Parallelität digitaler und klassischer Vertragsinstrumente wurden als hoch eingeschätzt. Basierend auf diesem Feedback wird das Modul E.4+ gezielt um einen Schulungs- und Einführungsteil sowie um verpflichtende Integrationsworkshops für alle Projektpartner erweitert, in denen technische Grundlagen, Prozessabläufe, Haftungsregeln und der Umgang mit Fehlerfällen gemeinsam entwickelt und als kontinuierlicher Lernprozess verankert werden.

4.1.2.6 Wirtschaftliche Implikationen für die Module E+

Die wirtschaftlichen Implikationen der Module E+ lassen sich auf die Kernaussage verdichten, dass frühe Investitionen in partnerschaftliche Auswahlverfahren, transparente Anreizlogiken und konfliktpräventive sowie digitale Vertragsmechanismen nachgelagerte Transaktionskosten zuverlässig senken und damit die Gesamtwirtschaftlichkeit erhöhen, weil Konflikte, Opportunismus und Überwachungsaufwand deutlich seltener auftreten und schneller gelöst werden [18; 53]. Empirisch wird dies durch die wiederholt beobachtete Diskrepanz zwischen Aufwänden vor Vertragsschluss und Transaktionskosten nach Vertragsschluss gestützt, die in adversarischen Konstellationen signifikant ansteigen, sofern Beziehungsqualität, Erfahrung und Governance-Reife der Partner unzureichend sind [44; 51]. Entscheidend ist daher die Kombination aus qualitätsorientierter Partnerwahl, anreizkompatiblen Vergütungsmechanismen und frühzeitigen Deeskalationsformaten, die gemeinsam eine robuste, risikoadjustierte Kostenkurve ermöglichen, ohne auf detaillierte theoretische Herleitungen rekurrieren zu müssen, die über die Verdichtung der Kernaussage hinausgingen [45; 55]. In Summe entsteht ein konsistentes Kosten-Nutzen-Profil, das die Zielbeziehungen Zeit, Kosten und Qualität stabilisiert und die Liquidität entlang der Lieferkette spürbar verbessert [18; 53].

Für E.1+ gilt, dass qualitätsbasierte, mehrstufige Vergaben zwar initial höhere Beschaffungskosten verursachen, empirisch jedoch substanzielle Reduktionen nachgelagerter Transaktionskosten bewirken, weil Beziehungsgüte, Erfahrung und Passung der Akteure bereits in der Auswahlphase gesichert werden [51; 77]. Während Aufwände vor Vertragsschluss häufig bei rund 3,64 % des Vertragswertes liegen, werden Transaktionskosten nach Vertragsschluss in adversarialen Settings mit durchschnittlich 8,48 % beziffert, sodass sich das ökonomische Fenster für frühzeitige Governance-Investitionen klar öffnet [44; 45]. Studien berichten zudem Transaktionskostenreduktionen von 18 bis 28 % bei hoher Partnerqualität und belegen indirekte Effekte wie geringere Verzögerungsrisiken und verbesserte Leistungsqualität, deren monetärer Wert mit fünf bis zwölf Prozent der Auftragssumme beschrieben wird [53; 55]. Ein Praxisfall mit verkürzter Bauzeit und einem Erfüllungsgrad von 87 % in der Leistungssteuerung illustriert, dass qualitätsorientierte Vergaben Gesamtkosten unter das Niveau rein preisbetriebener Vergaben drücken können [18; 53].

E.2+ wirkt über die Ausrichtung der Vergütung an gemeinsam definierten, objektiv messbaren Zielkategorien, typischerweise Termin, Qualität und Kollaboration, deren Gewichtung das Verhalten der Partner verlässlich steuert, ohne überbordenden Kontrollaufwand zu erzeugen (Haupttext, Berechnungsdetails in Anhang zu S. 57–58) [18; 53]. Die Einrichtung der Messlogik und des Monitorings erfordert zwar einen überschaubaren Aufwand im Bereich von etwa 0,3 bis 0,8 % des Vertragswertes, senkt jedoch die Agency-Kosten, die in der Praxis regelmäßig bei drei bis sieben Prozent liegen, durch höhere Selbststeuerung und geringere Kontrollintensität signifikant [51; 55]. Empirisch lässt sich eine Reduktion agenturinduzierter Kosten um bis zu fünfzig Prozent beobachten, während das Bonuspotenzial von ein bis zwei Prozent der Auftragssumme erfahrungsgemäß genügt, um deutliche Verhaltenseffekte zu erzielen [18; 53]. Ein kompaktes KPI-Beispiel mit einem erreichten Gesamtwert von 77 % des Bonuspotenzials zeigt die Funktionsweise, ohne dass der Rechenweg im Haupttext ausgerollt werden muss, wodurch Stringenz und Lesbarkeit gewahrt bleiben [18; 53].

E.3+ adressiert Konfliktkosten als zentrale Unterform der Transaktionskosten, deren Höhe mit Eskalationsgrad und Bearbeitungsdauer überproportional steigt, sobald Sachverhalte verspätet oder formalisiert behandelt werden [18; 52]. In Bauprojekten werden Konfliktkosten mit vier bis neun Prozent des Vertragswertes beziffert; zugleich zeigt die Eskalationsdynamik, dass eine frühe Klärung im direkten Dialog Größenordnungen von etwa zweitausend Euro beansprucht, wohingegen formale Claims auf circa achtzehntausend Euro und Schiedsverfahren auf bis zu fünfundachtzigtausend Euro ansteigen können [45; 51]. Ein integriertes Frühwarnsystem mit konsequentem Issue-Tracking, regelmäßigen Review-Formaten und Grundschulungen in konstruktiver Konfliktlösung amortisiert sich typischerweise, weil die Anzahl eskalierter Fälle sinkt, Bearbeitungszeiten um vierzig bis sechzig Prozent verkürzen und Beziehungsqualitäten erhalten bleiben [18; 55]. In Summe resultieren Einsparungen von durchschnittlich fünf bis acht Euro je investiertem Euro in Konfliktprävention, die sich unmittelbar in Planstabilität und Produktivität niederschlagen [18; 53].

E.4+ fokussiert auf das Was und Warum der digitalen Vertragsadministration, nicht auf technische Architekturdetails, und begründet die Automatisierung zentraler Vertragsprozesse durch Effizienzgewinne, Transparenz und Beweissicherheit, insbesondere bei Zahlungsfreigaben und Leistungsnachweisen (Fokus, S. 60–61) [40; 78]. Studien zeigen, dass die Blockchain-gestützte Automatisierung Transaktionsgebühren gegenüber klassischen Akkreditiven deutlich reduziert und Durchlaufzeiten für Abschlagszahlungen von zwölf auf drei Arbeitstage senken kann, wobei der manuelle Aufwand um bis zu sechzig Prozent fällt und Skontovorteile in der Lieferkette realisierbar werden [79; 80]. Metaanalysen beziffern kumulierte Einsparungen durch Automatisierung, Transparenz und geringere Streitkosten mit drei bis acht Prozent des Vertragswertes; zugleich werden Kosten der Zahlungsstreitbeilegung um durchschnittlich vierzig Prozent reduziert, weil eine unveränderliche, geteilte Beweisgrundlage vorliegt [81; 82]. Bei initialen Implementierungskosten von etwa 0,5 bis 1,2 % wird der Break-even typischerweise nach zwanzig bis vierzig Transaktionen erreicht, was insbesondere in großvolumigen, zahlungsintensiven Projekten eine klare Wirtschaftlichkeitslogik erzeugt [78; 83].

4.2 Organisationsmodell und Rollenverständnis

4.2.1 Vergleich der definierten CM-Modelle

Aufbauend auf den in Kap. 2 dargelegten Grundlagen der deutschen Projektabwicklungspraxis, die maßgeblich durch die normativen Leistungsbilder der HOAI und der AHO geprägt ist, widmet sich dieses Kapitel der Entwicklung eines differenzierten Organisationsmodells für das CM. Die Notwendigkeit eines solchen Modells ergibt sich aus dem Spannungsfeld zwischen den etablierten, phasenorientierten Strukturen und dem wachsenden Bedarf an integrativeren, flexibleren Managementansätzen, wie sie im internationalen Kontext bereits erfolgreich praktiziert werden (Ehrbar et al., 2019, S. 236). Ein zentrales Problem der konventionellen Projektabwicklung liegt in der strengen Trennung von Planung und Ausführung, was häufig zu einer konfrontativen Kultur, Informationsverlusten an den Schnittstellen und letztlich zu Termin- und Kostenüberschreitungen führt (Laibach, 2019, S. 109; Lühr et al., 2020, S. 312). Das Construction Management setzt hier an, indem es durch die frühzeitige Einbindung von Ausführungskompetenz und einen partnerschaftlichen Ansatz eine ganzheitliche Steuerung des Projekts anstrebt. Die konkrete Ausgestaltung der Rolle des Construction Managers kann jedoch erheblich variieren, abhängig von den Projektzielen, der Risikobereitschaft des Bauherrn und den vertraglichen Rahmenbedingungen. In der deutschen Bau- und Immobilienwirtschaft zeigt sich eine starke Heterogenität der praktizierten CM-Modelle, die oft nur einzelne Elemente eines umfassenden partnerschaftlichen Konzepts anwenden und deren Erfolg stark von der spezifischen Ausgestaltung abhängt (Laibach, 2019, S. 112; Windapo et al., 2021). Um dieser Unschärfe zu begegnen und praxistaugliche Anwendungsprofile zu schaffen, werden im Folgenden drei idealtypische Varianten des Construction Management vorgeschlagen, die sich in ihrem Integrationsgrad, ihrer Verantwortungstiefe und ihrem Risikoprofil unterscheiden: das CM-Leistungsbild „Light“, „Standard“ und „Advanced“ (Tab. 4.1).

4.2.2 CM-Leistungsbild „Light“: Die beratende Projektsteuerung

Das CM-Leistungsbild „Light“ stellt die grundlegendste Ausprägungsform des Construction Management dar und orientiert sich in seiner Funktion und seinem Kompetenzprofil

Tab. 4.1 Übersicht über die entwickelten Organisationsmodelle. (Eigene Darstellung)

Kriterium	CM „Light“ (Beratend)	CM „Standard“ (Delegiert)	CM „Advanced“ (Verantwortlich)
Rollenverständnis	Stabsfunktion, Moderator, Berater	Stabsfunktion mit erweiterten Vollmachten	Linienfunktion für operative Steuerung
Verantwortung	Prozessverantwortung	Teilweise Ergebnisverantwortung (delegiert)	Volle Ergebnisverantwortung (Kosten/Termine)
Risikoprofil des CM	Gering (Haftung für Beratungsfehler)	Mittel (Haftung für übernommene Aufgaben)	Hoch (Übernahme von Kosten- und Terminrisiko)
Typische Vertragsform	Beratervertrag (analog AHO)	Beratervertrag mit definierten Vollmachten	CM-Vertrag mit GMP/ Bonus-Malus-System
Fokus	Prozessoptimierung, Koordination	Koordination & Steuerung von Teilbereichen	Ganzheitliche Projektergebnissteuerung

stark an der klassischen Projektsteuerung gemäß der AHO-Schriftenreihe Nr. 9, wie sie in Abschn. 2.3 detailliert analysiert wurde [5; 6]. In diesem Modell agiert der Construction Manager primär als beratende Stabsstelle des Bauherrn, ohne jedoch exekutive Entscheidungsbefugnisse oder eine direkte Ergebnisverantwortung für Kosten, Termine und Qualitäten zu übernehmen [5; 6]. Seine Hauptaufgabe besteht darin, die Projektorganisation zu strukturieren, die Kommunikation und Koordination zwischen den Planungs- und Ausführungsbeteiligten zu moderieren und eine transparente Informationsgrundlage für die Entscheidungen des Auftraggebers zu schaffen [5; 8]. Diese Variante eignet sich insbesondere für Bauherren, die zwar den Bedarf an professionalisierter Managementunterstützung erkennen, aber die finale Entscheidungshoheit und die volle Kontrolle über das Projektbudget und die Vertragsabschlüsse bei sich behalten möchten [8; 48]. Der Mehrwert gegenüber der traditionellen Projektsteuerung manifestiert sich in diesem Modell weniger durch eine formale Übertragung von Verantwortung als vielmehr durch eine proaktivere, auf Kooperation ausgerichtete Grundhaltung und den Einsatz spezifischer CM-Methoden zur Prozessoptimierung, auch wenn diese innerhalb der klassischen Vertragsstrukturen angewendet werden [2; 38]. Die zentrale Herausforderung dieses Ansatzes liegt darin, dass trotz partnerschaftlicher Rhetorik die zugrunde liegenden Strukturen oft konfrontativ bleiben, was die Effizienzpotenziale limitiert [27; 62].

Die Effektivität des CM-Leistungsbildes „Light“ hängt maßgeblich von der Fähigkeit des Construction Managers ab, trotz fehlender formaler Weisungsbefugnis eine Kultur der Kooperation und des Vertrauens zu etablieren [2; 21]. Da die vertraglichen Beziehungen zwischen Bauherr, Planern und ausführenden Unternehmen in diesem Modell getrennt bleiben, entstehen zwangsläufig organisationale Silos, deren Überwindung zur zentralen Aufgabe des CM wird [27; 38]. Vertrauen, Engagement und Verlässlichkeit kristallisieren sich hierbei als die entscheidenden Enabler für eine funktionierende Zusammenarbeit heraus [2; 21]. Der Construction Manager muss durch seine soziale Kompetenz und seine

Fähigkeit, zwischen den oft divergierenden Interessen der Projektbeteiligten zu vermitteln, das notwendige interorganisationale Vertrauen aufbauen [21; 22]. Dies gelingt insbesondere durch die Schaffung transparenter Kommunikationsprozesse und einer gemeinsamen Situational Awareness SA, also einem einheitlichen Verständnis über den aktuellen Projektstatus, Risiken und anstehende Entscheidungen [37; 84]. In der Praxis zeigt sich jedoch häufig eine Diskrepanz in der Wahrnehmung: Während das Management die Planung und Steuerung als zentralisiert ansieht, erleben die ausführenden Gewerke die Prozesse vor Ort als dezentral und selbstorganisiert, was zu Missverständnissen und Ineffizienzen führen kann [32; 37]. Die Rolle des CM ist es hierbei, diese Wahrnehmungslücke zu schließen und als Vermittler zu fungieren [2; 21].

Im Kontext der zunehmenden Digitalisierung wird das CM-Leistungsbild „Light" zusätzlich durch die Einführung von BIM und die damit verbundenen neuen Akteursrollen herausgefordert [17; 85]. Der BIM-Koordinator oder BIM-Stratege agiert als Schnittstelle zwischen der Technologie und den Anwendern und treibt die Diffusion neuer digitaler Arbeitspraktiken voran, was zwangsläufig zu Spannungen mit den etablierten Institutionen des traditionellen Baumanagements führt [17; 85]. Auch in einem organisatorisch eher konventionellen Modell wie dem „CM Light" muss der Construction Manager die Rolle dieses digitalen Change-Agents integrieren und moderieren [43; 86]. Die Zusammenarbeit in BIM-basierten Baunetzwerken BbCNs stellt dabei besondere Anforderungen, da der Erfolg nicht allein von der technologischen Interoperabilität abhängt, sondern maßgeblich von der menschlichen Kollaboration, die durch unklare vertragliche Regelungen und Haftungsfragen behindert werden kann [43; 86]. Eine unzureichende Berücksichtigung von Risiken und Kollaborationsaspekten bei der BIM-Implementierung stellt ein signifikantes Hemmnis dar, wie eine systematische Literaturanalyse bestätigt [86; 87]. Der Construction Manager im „Light"-Modell trägt daher die Verantwortung, durch einen klar definierten BIM-Abwicklungsplan BAP und eine proaktive Steuerung des Informationsflusses sicherzustellen, dass die Vorteile der digitalen Planung auch innerhalb der Grenzen der getrennten Vertragsverhältnisse realisiert werden können [18; 20]. Seine Aufgabe ist es, die Potenziale der intelligenten Risikoanalyse zu nutzen, um den Bauherrn fundiert zu beraten, ohne selbst finanzielle Risiken zu tragen [18; 88].

4.2.3 CM-Leistungsbild „Standard": Der delegierte Projektmanager

Das „CM-Standard-Modell" stellt eine Weiterentwicklung der klassischen Projektsteuerung dar und schließt die Lücke zwischen reiner Beratung und umfassender Ergebnisverantwortung [5; 6]. Kern dieses Modells ist die Übertragung von ausgewählten Bauherren-Entscheidungsbefugnissen auf den Construction Manager, was durch die explizite Öffnungsklausel der AHO rechtlich ermöglicht wird [5; 11]. Der Construction Manager agiert hierbei nicht mehr nur als Stabsstelle, sondern als bevollmächtigter Vertreter des Auftraggebers mit operativer Führungsfunktion in klar definierten Handlungsfeldern [5; 8]. Dies transformiert seine Rolle fundamental von einem passiven Kontrollorgan zu einem aktiven Gestalter des Projekterfolgs [5; 8]. Im Gegensatz zur reinen Projektsteuerung, die lediglich Empfehlungen ausspricht, trifft der CM im Standard-Modell eigenverantwortlich Entscheidungen, beispielsweise im Rahmen des Nachtragsmanagements, der Steuerung der Fachplaner oder der Koordination der ausführenden Unternehmen [5; 11]. Diese Verlagerung der Kompetenzen erfordert ein hohes Maß an Vertrauen zwischen Auftraggeber und CM, da der Auftraggeber bewusst einen Teil seiner Leitungsfunktion abgibt [21; 22]. Gleichzeitig wird dadurch die traditionelle, oft ineffiziente Schleife aus Information, Empfehlung, Entscheidung und Anweisung durchbrochen und durch direkte, schnelle und operative Steuerungsprozesse ersetzt [32; 37].

Die organisatorische Verankerung des Construction Managers im Standard-Modell unterscheidet sich signifikant von der eines klassischen Projektsteuerers [5; 8]. Während der Projektsteuerer eine parallele Struktur zur Projektleitung bildet, positioniert sich der Construction Manager als zentrale Integrationsfigur und Schnittstelle zwischen dem Auftraggeber, den Planern und den ausführenden Firmen [5; 8]. Er wird zum Dreh- und Angelpunkt der gesamten Projektkommunikation und -koordination, wodurch Informationsverluste und Reibungsverluste an den Schnittstellen minimiert werden [2; 8]. Diese zentrale Rolle ist insbesondere in digitalisierten Projektumgebungen, die auf BIM basieren, von entscheidender Bedeutung [18; 85]. Der CM übernimmt hierbei die Funktion eines Informationsmanagers, der die konsistente und durchgängige Nutzung der digitalen Modelle sicherstellt und somit die Grundlage für eine effektive Zusammenarbeit schafft [18; 85]. Eine solche Struktur fördert die für den Projekterfolg kritische Kollaboration, da sie die traditionellen Silos der einzelnen Disziplinen aufbricht und eine gemeinsame, zielorientierte Arbeitsweise etabliert [2; 43]. Die Effektivität dieses Modells hängt jedoch maßgeblich von der Kompetenz und dem Rollenverständnis des CM ab, der nicht nur als technischer Experte, sondern auch als Moderator und Integrator agieren muss [21; 28]. Die erfolgreiche Implementierung dezentraler Planungs- und Steuerungsansätze, wie sie im Lean Management praktiziert werden, wird durch eine solche zentrale Führungsrolle erst ermöglicht und unterstützt die Autonomie der ausführenden Teams [13; 32].

Das Rollenverständnis des Construction Managers im Standard-Modell geht weit über das eines reinen Verwalters von Kosten, Terminen und Qualitäten hinaus und erfordert ein erweitertes Kompetenzprofil [21; 28]. Er ist nicht mehr primär Kontrolleur, sondern vielmehr ein Prozesstreiber, Team-Leader und zentraler Kommunikator, der eine Kultur der Partnerschaft und des gegenseitigen Vertrauens aktiv fördert [2; 21]. Die Fähigkeit, zwischen den oft divergierenden Interessen der Projektbeteiligten zu vermitteln und Konflikte proaktiv zu lösen, wird zu einer Schlüsselqualifikation [2; 22]. Dies erfordert ausgeprägte soziale und interpersonelle Kompetenzen, um tragfähige Arbeitsbeziehungen aufzubauen und ein kollaboratives Klima zu schaffen, in dem Informationen offen geteilt werden [2; 21]. Insbesondere die Fähigkeit, Vertrauen aufzubauen, ist ein entscheidender Enabler für die Zusammenarbeit und damit für den Erfolg des gesamten Projekts [21; 22]. Des Weiteren muss der CM über ein tiefgreifendes Verständnis für die Potenziale der Digitalisierung verfügen, um Technologien wie BIM nicht nur als Werkzeug, sondern als integralen Bestandteil der Projektorganisation zu implementieren und zu steuern [18; 85]. Die Rolle nähert sich damit der eines „BIM-Actors", der als Schnittstelle zwischen Technologie und Anwendern fungiert und die digitalen Arbeitsprozesse aktiv gestaltet und vorantreibt [43; 85].

Mit der Übernahme operativer Führungsaufgaben und Entscheidungsbefugnisse geht im CM-Standard-Modell unweigerlich eine erweiterte Verantwortungs- und Haftungsübernahme einher, die eine klare vertragliche Regelung erfordert [62; 89]. Anders als der klassische Projektsteuerer, dessen Haftung sich primär auf Beratungsfehler beschränkt, trägt der Construction Manager eine Mitverantwortung für das Erreichen der Projektziele in den ihm übertragenen Bereichen [5; 62]. Diese erweiterte Verantwortung muss sich in der Vertragsgestaltung und in einem angepassten Vergütungsmodell widerspiegeln, das die höhere Risikoexposition des CM berücksichtigt [62; 89]. Die genaue Definition der Vollmachten, der Entscheidungsgrenzen und der Schnittstellen zur verbleibenden Projektleitung des Auftraggebers ist von essenzieller Bedeutung, um spätere Kompetenzkonflikte und Haftungsstreitigkeiten zu vermeiden [5; 11]. Ein wesentlicher Faktor für das Gelingen dieses Modells ist zudem die Sachkenntnis des Auftraggebers, da die Auswahl eines geeigneten CM-Dienstleisters und die Ausgestaltung eines fairen und zweckmäßigen Vertrags ein fundiertes Verständnis der unterschiedlichen Beschaffungssysteme voraussetzt [8; 48]. Die Risikoverteilung im CM-Standard-Modell ist somit intensiver als in der traditionellen Projektsteuerung, erreicht jedoch noch nicht das Niveau eines Modells mit garantiertem Maximalpreis GMP, bei dem der CM ein umfassendes Kosten- und Terminrisiko übernimmt [14; 60].

4.2.4 CM-Leistungsbild „Advanced": Der unternehmerische Partner

Im Zentrum des „CM Advanced"-Modells steht die frühzeitige und umfassende Integration des Construction Managers in den gesamten Projektentwicklungs- und Planungsprozess, was einen fundamentalen Paradigmenwechsel gegenüber der klassischen, sequenziellen Projektabwicklung nach HOAI darstellt [5; 6]. Idealerweise wird der CM bereits zu Beginn der Leistungsphase 2 oder 3 auf Basis eines Kompetenzwettbewerbs ausgewählt, um sein Ausführungs-Know-how in die Entwurfs- und Genehmigungsplanung einzubringen und so die Planungsqualität, Baubarkeit und Kostensicherheit maßgeblich zu optimieren [38; 62]. Diese frühe Einbindung ermöglicht es, Optimierungspotenziale zu heben, die in späteren Phasen oft nur mit erheblichem Aufwand oder gar nicht mehr realisierbar sind, und legt den Grundstein für eine partnerschaftliche Projektabwicklung [38; 60]. Das Rollenverständnis des CM wandelt sich hierbei von einem reinen Berater und Kontrolleur, wie es die Projektsteuerung nach AHO vorsieht, zu einem proaktiven Gestalter und operativen Führer des Projektteams [5; 11]. Er agiert quasi als „hybrider Generalunternehmer", der in der Vorkonstruktionsphase beratend tätig ist und in der Ausführungsphase die volle Verantwortung für die Realisierung übernimmt [60, 62]. Diese Doppelrolle, die ihn als „Diener zweier Herren" – nämlich seines eigenen Unternehmens und des Bauherrn – positioniert, erfordert ein hohes Maß an Autonomie, aber auch eine starke Anreizstruktur, um seine Ziele mit denen des Auftraggebers in Einklang zu bringen [22; 89]. Die erfolgreiche Ausgestaltung dieser Rolle ist somit weniger eine Frage starrer Vorschriften als vielmehr die Etablierung einer funktionierenden Vertrauensbeziehung zwischen den Schlüsselpersonen, die als „Boundary Spanners“ die Grenzen zwischen den Organisationen überbrücken [21; 22].

Die vertragliche und organisatorische Struktur eines „CM Advanced“-Projekts basiert auf Transparenz und der gemeinsamen Ausrichtung aller Kernbeteiligten auf die Projektziele, was sich insbesondere in der Anwendung von Open-Book-Verfahren und Anreizmodellen manifestiert [38; 60]. Anstatt eines konfrontativen Preiswettbewerbs auf Basis einer finalisierten Planung erfolgt die Vergütung des CM in der Regel zweistufig: In der Vorkonstruktionsphase erhält er ein Honorar für seine Beratungs- und Planungsmanagementleistungen, während für die Ausführungsphase ein Zielpreis oder Garantierter Maximalpreis GMP auf Basis einer transparenten Kalkulation „Open-Book-Verfahren“ gemeinsam entwickelt und vereinbart wird [60; 62]. Ergänzt wird dieses Modell häufig durch sogenannte „Pain-Gain-Share“-Mechanismen, bei denen Einsparungen gegenüber dem Zielpreis zwischen Auftraggeber und CM geteilt werden Gain-Share, während Kostenüberschreitungen ebenfalls gemeinsam getragen werden Pain-Share [38; 60]. Diese finanzielle Verschränkung der Interessen schafft einen starken Anreiz zur Kooperation und gemeinsamen Problemlösung und transformiert die traditionell antagonistische Beziehung in eine echte Wertschöpfungspartnerschaft [38; 90]. Um diese kooperativen Prozesse zu unterstützen, sind digitale Werkzeuge wie BIM und agile Managementmethoden unerlässlich, da sie die notwendige Datengrundlage und Kommunikationsplattform für eine integrierte Zusammenarbeit schaffen und eine verbesserte situative Wahrnehmung Situational Awareness im Projekt ermöglichen [37; 43]. Die Rolle des BIM-Akteurs, sei es als Koordinator oder Manager, wird hierbei zu einer zentralen Schnittstelle, die nicht nur Technologie verwaltet, sondern aktiv institutionelle Praktiken formt und die digitale Kollaboration vorantreibt [17; 85].

Ein solch integriertes und partnerschaftliches Organisationsmodell erfordert jedoch von allen Beteiligten, insbesondere vom Auftraggeber, ein hohes Maß an Kompetenz, Vertrauen und die Bereitschaft, traditionelle Kontrollmechanismen zugunsten einer dezentralisierten und agilen Steuerung aufzugeben [2; 21]. Die Auswahl des richtigen Beschaffungssystems ist untrennbar mit dem Wissen und der Erfahrung des Auftraggebers verbunden, da ein uninformierter Bauherr kaum in der Lage sein wird, die Komplexität eines CM-at-risk-Modells zu beherrschen und die damit verbundenen Chancen zu nutzen [48; 62]. Die Abkehr von starren, hierarchischen Strukturen hin zu autonomen, selbstorganisierten Teams, wie sie in agilen Ansätzen propagiert wird, kann die Transparenz, die Konfliktlösung und das Engagement der Beteiligten signifikant verbessern, wie Studien zur dezentralen Produktionsplanung und -steuerung zeigen [32; 37]. Eine agile Projektorganisation, die auf iterative Zyklen, kontinuierliches Feedback und die enge Einbindung des Kunden setzt, kann die Flexibilität zur Bewältigung von Änderungen erhöhen und die Wertschöpfung für den Kunden maximieren [15; 34]. Dennoch birgt eine solche Vorgehensweise auch Risiken, da die frühzeitige Festlegung des CM auf Basis von Kompetenz statt eines festen Preises und die gemeinsame Entwicklung des Bausolls ein hohes Maß an gegenseitigem Vertrauen erfordern, um opportunistisches Verhalten zu vermeiden [22; 61]. Letztlich ist der Erfolg eines „CM Advanced"-Modells weniger eine Frage der perfekten vertraglichen Regelung als vielmehr die Etablierung einer Projektkultur, die auf gemeinsamen Zielen, offener Kommunikation und der Fähigkeit zur kollaborativen Bewältigung von unvermeidbaren Projekt-Constraints und Risiken basiert [30; 91]. Die Integration von BIM in das Projektmanagement über den gesamten Lebenszyklus hinweg spielt dabei eine entscheidende Rolle, um die notwendige Informationskontinuität und -transparenz zu gewährleisten [18; 20].

4.3 Implementierungskonzept

Die erfolgreiche Einführung eines integrierten Construction-Management-Leistungsbildes, das die operative Lücke zwischen strategischer Projektsteuerung und Bauausführung schließt, erfordert ein sorgfältig geplantes, phasenbasiertes Vorgehen. Anstatt einer disruptiven, vollumfänglichen Implementierung, die in der etablierten Bau- und Immobilienwirtschaft auf erhebliche Widerstände stoßen würde, ermöglicht ein gestuftes Vorgehen die systematische Steuerung von Risiken und fördert die Akzeptanz bei allen Projektbeteiligten. Das hier vorgestellte Drei-Phasen-Modell, visualisiert in Abb. 4.11, beschreibt einen evolutionären Pfad, der mit einem fokussierten Pilotprojekt beginnt, sich über eine schrittweise Erweiterung des Leistungsumfangs fortsetzt und schließlich in der Standardisierung des CM-Modells mündet. Dieser Ansatz erlaubt es, die in den Modulen A+ und E+ konzipierten Potenziale von Lean Construction, BIM und agilen Methoden gezielt und angepasst an die spezifischen Rahmenbedingungen des deutschen Hochbaus zur Entfaltung zu bringen, indem zunächst prozessuale und kulturelle Innovationen erprobt werden, bevor tiefgreifende vertragliche und organisatorische Strukturen angepasst werden [18; 33; 34; 37].

Die erste Phase, der Pilotprojekt-Ansatz, dient der kontrollierten Erprobung und Validierung des CM-Leistungsbildes in einem realen, jedoch klar abgegrenzten Projektumfeld, um die Machbarkeit nachzuweisen und initiale Erfahrungswerte zu sammeln. Anstatt das vollumfängliche Leistungsbild sofort zu implementieren, konzentriert sich diese Phase auf die Anwendung ausgewählter, hochwirksamer Module mit primär prozessualem Charakter. Besonders geeignet sind hierfür die Module A.2+ „Moderation interdisziplinärer Teams" und A.3+ „Proaktives Risikomanagement", da sie innerhalb bestehender Vertragsstrukturen eine neue, kooperative Arbeitsweise etablieren und schnelle, messbare Erfolge generieren können [34; 92]. Technologisch flankiert wird dies durch Modul A.4+ „Digitales Informationsmanagement", um die informationstechnische Grundlage für die verbesserte Zusammenarbeit zu schaffen. Das übergeordnete Ziel ist die Generierung eines „Proof of Concept", der den Mehrwert des integrativen Ansatzes anhand konkreter Kennzahlen wie der Reduzierung von Planungsfehlern oder der Verbesserung der Termintreue belegt und so das notwendige Vertrauen für weiterführende Schritte schafft, was für die

Abb. 4.11 Drei-Phasen-Modell für integriertes Construction Management. (Eigene Darstellung)

erfolgreiche Implementierung neuer Managementmethoden als essenziell erachtet wird [2; 36; 47; 93].

Nach dem erfolgreichen Abschluss der Pilotphase beginnt die zweite Phase, die schrittweise Erweiterung des CM-Leistungsbildes, welche darauf abzielt, die gewonnenen Erkenntnisse zu systematisieren und den Anwendungsbereich des Modells auszubauen. Aufbauend auf der in Phase eins etablierten prozessualen und kulturellen Basis werden nun die vertraglich und organisatorisch anspruchsvolleren Module integriert. Dies betrifft insbesondere die Module der Säule E+, wie E.1+ „Partnerschaftliche Vergabemodelle entwickeln“ und E.2+ „Anreizsysteme für Kollaboration etablieren“, deren Umsetzung eine tiefgreifende Veränderung der kommerziellen Rahmenbedingungen erfordert. Die positiven Erfahrungen aus der Pilotphase schaffen die notwendige Vertrauensgrundlage, um Auftraggeber von der Wirksamkeit partnerschaftlicher Vertragsmodelle mit Bonus-Malus-Regelungen zu überzeugen [38; 47]. Parallel wird der Anwendungsbereich auf eine größere Anzahl von Projekten ausgeweitet, um die Übertragbarkeit und Skalierbarkeit des Ansatzes zu demonstrieren. Einhergehend mit dieser Expansion ist die systematische Entwicklung der Kompetenzen des CM-Teams, da die Anwendung fortschrittlicher Methoden eine kontinuierliche Weiterbildung erfordert [47; 94].

Die dritte und reifste Phase des Implementierungskonzepts umfasst die Standardisierung und Marktdurchdringung, in der das integrierte Construction Management von einem innovativen Einzelprojektansatz zu einer etablierten Dienstleistung transformiert wird. In diesem Stadium sind die Prozesse, Werkzeuge und Methoden des CM-Leistungsbildes so weit verfeinert und validiert, dass sie reproduzierbar und mit konstant hoher Qualität angewendet werden können. Das in den vorangegangenen Phasen kumulierte Wissen wird in Form von standardisierten Prozessabläufen und Best-Practice-Leitfäden kodifiziert, was die Effizienz der Projektabwicklung weiter steigert. Ein entscheidendes Merkmal dieser Phase ist die Fähigkeit zur flexiblen Anpassung des CM-Modells an die spezifischen Anforderungen unterschiedlicher Projekttypen, denn wie die Forschung zeigt, hängt die Wahl der richtigen Managementmethode stark von den Projektcharakteristika ab [15; 95]. Basierend auf einer fundierten Analyse wird ein maßgeschneidertes CM-Leistungspaket geschnürt, das auch die komplexesten Module wie E.4+ „Digitale Vertragsadministration" umfassen kann, um eine datengestützte, vorausschauende Projektsteuerung zu ermöglichen [18; 33].

Literatur

1. BECKER, S. C.; ROMAN-MÜLLER, H. Integrierte Projektabwicklung (IPA), Wiesbaden: Springer Fachmedien, 2022.
2. DEEP, S.; GAJENDRAN, T.; JEFFERIES, M. A systematic review of enablers of collaboration in construction projects, International Journal of Construction Management, Band 21, Heft 9, 2021.
3. IBRAHIM, A.; ZAYED, T.; LAFHAJ, Z. Trends and gaps in lean construction practices for megaprojects: A critical review, Alexandria Engineering Journal, Band 118, 2025.
4. SHAQOUR, E. N. The impact of adopting lean construction in Egypt: Level of knowledge, application, and benefits, Ain Shams Engineering Journal, Band 13, Heft 2, 2022, Art. 101551.
5. SCHNEIDER, W.; VOLKMANN, W. Prozessorientiertes Bauprojektmanagement, Springer Berlin Heidelberg, 2017.
6. SOMMER, H. Projektmanagement im Hochbau. Berlin, Heidelberg: Springer Berlin Heidelberg, 2016.
7. AHMED, S. I.; MAHMUD, A.; AKOH, S.; TARIQ, U. Exploring IPD as an antidote to fragmentation within the UK construction sector, In: 40th Annual ARCOM Conference: Looking Back to Move Forward, 2024.
8. FEWINGS, P.; HENJEWELE, C. Construction project management: an integrated approach, Routledge, London, 2019.
9. LENNARTZ, K. M. Agile Methoden in der Bauplanung: Optimierung der Zusammenarbeit in komplexen Bauprojekten, Dissertation, RWTH Aachen, 2023.
10. LECHNER, H. Collaborative Methoden + Werkzeuge der Projektorganisation, In: Agile Digitalisierung im Baubetrieb, Wiesbaden: Springer, 2022.
11. KOCHENDÖRFER, B.; LIEBCHEN, J. H.; VIERING, M. G. Leistungsbilder Projektmanagement/-steuerung, In: Bau-Projekt-Management, Wiesbaden: Springer Fachmedien, 2021.
12. AKTER, J.; DATTA, S. D.; ISLAM, M.; TAYEH, B. A.; SRABONI, S. A.; DAS, N. Assessment and analysis of BIM as a lean management tool in construction management, International Journal of Building Pathology and Adaptation, Band 43, Heft 4, 2025.

13. FIEDLER, M. Lean Construction – Das Managementhandbuch, Springer, Berlin/Heidelberg, 2018.
14. KARASU, T.; AALTONEN, K.; HAAPASALO, H. The interplay of IPD and BIM: A systematic literature review, Construction Innovation, Band 23, Heft 3, 2023.
15. LALMI, A.; FERNANDES, G.; SOUAD, S. B. A conceptual hybrid project management model for construction projects, Procedia Computer Science, Band 181, 2021.
16. PAN, Y.; ZHANG, L. Integrating BIM and AI for smart construction management: Current status and future directions, Archives of Computational Methods in Engineering, Band 30, Heft 2, 2023.
17. LIDELÖW, S.; ENGSTRÖM, S.; SAMUELSON, O. The promise of BIM? Searching for realized benefits in Nordic AEC industries, Journal of Building Engineering, Band 76, 2023.
18. WANG, T.; CHEN, H. M. Integration of building information modeling and project management in construction project life cycle, Automation in Construction, Band 150, 2023, Art. 104832.
19. WU, C.; DING, W.; JIN, Q.; JIANG, J.; JIANG, R.; XIAO, Q.; LI, X. Retrieval augmented generation-driven information retrieval and question answering in construction management, Advanced Engineering Informatics, Band 65, 2025, Art. 103158.
20. SCHIMANSKI, C. P.; MONIZZA, G. P.; MATT, D. The role of common data environments as enabler for reliable digital lean construction management, In: IGLC 2021 – 29th Annual Conference of the International Group for Lean Construction, 2021.
21. LÜHR, G. J.; BOSCH-REKVELDT, M. G.; RADUJKOVIC, M. Key stakeholders' perspectives on partnering culture in construction projects, Frontiers of Engineering Management, Band 9, Heft 2, 2022.
22. GUO, W.; LU, W.; GAO, X.; CAI, F. How interpersonal ties affect interorganizational trust in construction projects, Construction Management and Economics, Band 39, Heft 11, 2021.
23. LOHNE, J.; TORP, O.; ANDERSEN, B.; ASLESEN, S.; BYGBALLE, L.; BØLVIKEN, T.; LAEDRE, O. The emergence of lean construction in the Norwegian AEC industry, Construction Management and Economics, Band 40, Hefte 7–8, 2022.
24. GARCÉS, G.; FORCAEL, E.; OSORIO, C.; CASTAÑEDA, K.; SÁNCHEZ, O. Systematic review of Lean Construction: sustainability and efficiency in construction management, Journal of Infrastructure Preservation and Resilience, Band 6, Heft 1, 2025.
25. GLASS, J.; BYGBALLE, L. E.; HALL, D. Transforming construction: the multi-scale challenges of changing and innovating in construction, Construction Management and Economics, Band 40, Hefte 11–12, 2022.
26. GIRMSCHEID, G. Neue Projektabwicklungsformen im Hochbau und Infrastrukturbereich – Investitionskostenorientierung, In: Projektabwicklung in der Bauwirtschaft – prozessorientiert, Berlin/Heidelberg: Springer, 2016.
27. SPANG, K.; RIEMANN, S. Partnering in infrastructure projects in Germany, Procedia – Social and Behavioral Sciences, Band 119, 2014, S. 219–228.
28. MORADI, S.; KÄHKÖNEN, K.; KLAKEGG, O. J.; AALTONEN, K. Profile of project managers' competencies for collaborative construction projects, In: 37th Annual ARCOM Conference, 2021.
29. VIERING, M. G.; BREMER, G. F. Innovatives Projektmanagement – 10 Erfolgsfaktoren zur Erreichung der Projektziele, In: Auf dem Weg zu einer nachhaltigen, effizienten und profitablen Wertschöpfung von Gebäuden, Wiesbaden: Springer Fachmedien, 2022, S. 175–200.
30. HE, C.; LIU, M.; ALVES, T. D. C.; SCALA, N. M.; HSIANG, S. M. Prioritizing collaborative scheduling practices and project performance, Construction Management and Economics, Band 40, Hefte 7–8, 2022.
31. MORADI, S.; SORMUNEN, P. Integrating lean construction with BIM and sustainability: a comparative study of challenges, enablers, techniques, and benefits, Construction Innovation, Band 24, Heft 7, 2024.

32. LEHTOVAARA, J.; SEPPÄNEN, O.; PELTOKORPI, A. Improving construction management with decentralised production planning, Construction Management and Economics, Band 40, Heft 4, 2022.
33. PARSAMEHR, M.; PERERA, U. S.; DODANWALA, T. C.; PERERA, P.; RUPARATHNA, R. A review of construction management challenges and BIM-based solutions: perspectives from schedule, cost, quality, and safety management, Asian Journal of Civil Engineering, Band 24, Heft 1, 2023.
34. AREFAZAR, Y.; NAZARI, A.; HAFEZI, M. R.; MAGHOOL, S. A. H. Prioritizing agile project management strategies in construction projects, International Journal of Construction Management, Band 22, Heft 4, 2022.
35. SEARS, S. K.; SEARS, G. A.; CLOUGH, R. H. Construction project management: A practical guide to field construction management. Hoboken: John Wiley & Sons, 2010.
36. ZHAO, X. Construction risk management research: Intellectual structure and emerging themes, International Journal of Construction Management, Band 24, Heft 5, 2024, S. 540–550.
37. LAPPALAINEN, E. M.; SEPPÄNEN, O.; PELTOKORPI, A.; SINGH, V. Transformation of construction project management toward situational awareness, Engineering, Construction and Architectural Management, Band 28, Heft 8, 2021.
38. SPANG, K.; EHRBAR, H.; EL-BAZ, A. Partnerschaftliche Zusammenarbeit, In: Projektmanagement von Verkehrsinfrastrukturprojekten, Berlin, Heidelberg: Springer Berlin Heidelberg, 2022, S. 829–866.
39. HIMEUR, Y.; ELNOUR, M.; FADLI, F.; MESKIN, N.; PETRI, I.; REZGUI, Y.; AMIRA, A. AI-big data analytics for building automation and management systems: a survey, Artificial Intelligence Review, Band 56, Heft 6, 2023.
40. ZHONG, Y.; GOODFELLOW, S. D. Domain-specific language models pre-trained on construction management systems corpora, Automation in Construction, Band 160, 2024, Art. 105316.
41. BRZEZINSKI, R. Projekthandbücher in der praktischen Anwendung, In: AHO-konformes Projekthandbuch, Wiesbaden: Springer Fachmedien, 2023.
42. HOFFMANN, W. Risikomanagement nach AHO, In: Risikomanagement in Bau- und Immobilienprojekten, Berlin/Heidelberg: Springer, 2022.
43. ORAEE, M.; HOSSEINI, M. R.; EDWARDS, D.; PAPADONIKOLAKI, E. Collaboration in BIM-based construction networks: a qualitative model of influential factors, Engineering, Construction and Architectural Management, Band 29, Heft 3, 2022.
44. LI, H.; ARDITI, D.; WANG, Z. Determinants of transaction costs in construction projects, Journal of Civil Engineering and Management, Band 21, Heft 5, 2015, S. 548–558.
45. ABDEL-GALIL, E.; IBRAHIM, A. H.; ALBORKAN, A. Assessment of transaction costs for construction projects, International Journal of Construction Management, Band 22, Heft 9, 2022, S. 1618–1631.
46. BAYHAN, H. G.; DEMIRKESEN, S.; ZHANG, C.; TEZEL, A. A lean construction and BIM interaction model for the construction industry, Production Planning & Control, Band 34, Heft 15, 2023.
47. SOBIERAJ, J.; METELSKI, D.; NOWAK, P. PMBoK vs. PRINCE2 in the context of Polish construction projects: Structural Equation Modelling approach, Archives of Civil Engineering, Band 67, Heft 2, 2021.
48. WINDAPO, A.; ADEDIRAN, A.; ROTIMI, J. O. B.; UMEOKAFOR, N. Construction project performance: The role of client knowledge and procurement systems, Journal of Engineering, Design and Technology, Band 20, Heft 5, 2022, S. 1349–1366.
49. DEVI, P. I.; CHITRA, G. Cost of quality in construction industry, Journal of Rural and Industrial Development, Band 1, Heft 1, 2013, S. 20.

50. AMIES, P.; JIN, X.; SENARATNE, S. Success in construction management of dams: An empirical study, International Journal of Construction Management, Band 25, Heft 10, 2025.
51. LI, H.; ARDITI, D.; WANG, Z. Factors that affect transaction costs in construction projects, Journal of construction engineering and management, Band 139, Heft 1, 2013, S. 60–68.
52. WEIL, P. Ein Beitrag zur Anwendung der Lean Construction im schlüsselfertigen Hochbau, 2021.
53. WEINMANN, M.; BAIER, C. Anforderungen an die Kostenplanung und -steuerung in IPA-Projekten, Tagungsband, o. J.
54. AL BALKHY, W.; SWEIS, R.; LAFHAJ, Z. Barriers to adopting lean construction – The case of Jordan, Buildings, Band 11, Heft 6, 2021.
55. HAASKJOLD, H.; ANDERSEN, B.; LÆDRE, O.; AARSETH, W. Factors affecting transaction costs and collaboration in projects, International Journal of Managing Projects in Business, Band 13, Heft 1, 2020, S. 197–230.
56. AL-TMEEMY, S. M. H.; ABDUL-RAHMAN, H.; HARUN, Z. Contractors' perception of the use of costs of quality system in Malaysian building construction projects, International Journal of Project Management, Band 30, Heft 7, 2012, S. 827–838.
57. BANIHASHEMI, S. A.; KHALILZADEH, M.; SHAHRAKI, A.; MALKHALIFEH, M. R.; AHMADIZADEH, S. S. R. Optimization of environmental impacts of construction projects: a time–cost–quality trade-off approach, International Journal of Environmental Science and Technology, Band 18, Heft 3, 2021, S. 631–646.
58. ALZOUBI, H. M. Rationalizing the cost of quality through lean and agile operations practices: Evidence from Aviation industry, Uncertain supply chain management, 2022.
59. BUDAU, M. R. D. Integrierte Projektabwicklung mit Mehrparteienverträgen, KIT Scientific Publishing, 2024.
60. RODRIGUES, M. R.; LINDHARD, S. M. Benefits and challenges to applying IPD: experiences from a Norwegian mega-project, Construction Innovation, Band 23, Heft 2, 2023.
61. MICHNA, A.; CZERWIŃSKA-LUBSZCZYK, A. Cooperation of construction enterprises from the perspective of German partner, Journal of Organizational Management Studies, 2019.
62. LAIBACH, B. Construction Management at Risk in der deutschen Bau- und Immobilienwirtschaft, Zeitschrift für Immobilienökonomie, Band 3, Heft 2, 2017.
63. ELGHAISH, F.; ABRISHAMI, S.; HOSSEINI, M. R.; ABU-SAMRA, S. Revolutionising cost structure for integrated project delivery: A BIM-based solution, Engineering, Construction and Architectural Management, Band 28, Heft 4, 2021.
64. KOSTKA, G.; ANZINGER, N. Large infrastructure projects in Germany: A cross-sectoral analysis, In: Large Infrastructure Projects in Germany, Cham: Springer, 2016.
65. MAHMUDNIA, D.; ARASHPOUR, M.; YANG, R. Blockchain in construction management: Applications, advantages and limitations, Automation in Construction, Band 140, 2022.
66. REGONA, M.; YIGITCANLAR, T.; XIA, B.; LI, R. Y. M. Opportunities and adoption challenges of AI in the construction industry: A PRISMA review, Journal of Open Innovation: Technology, Market, and Complexity, Band 8, Heft 1, 2022.
67. LI, X.; LU, W.; XUE, F.; WU, L.; ZHAO, R.; LOU, J.; XU, J. Blockchain-enabled IoT–BIM platform for supply chain management in modular construction, Journal of Construction Engineering and Management, Band 148, Heft 2, 2022.
68. MANU, B. A. Leveraging Artificial Intelligence for optimized project management and risk mitigation in construction industry, World Journal of Advanced Research and Reviews, Band 24, Heft 3, 2024.
69. ZADEH, P. A.; THIBAULT, J. M.; STAUB-FRENCH, S.; BHONDE, D. Understanding the Disruptiveness of Integrated Project Delivery (IPD) in the AEC Industry, Buildings, Band 15, Heft 13, 2025, Art. 2338.

70. JADIDOLESLAMI, S.; SAGHATFOROUSH, E.; HERAVI, A.; PREECE, C. A practical framework to facilitate constructability using IPD: case study, International Journal of Construction Management, Band 22, Heft 7, 2022.
71. ARUN, M.; BARIK, D.; CHANDRAN, S. S.; PRAVEENKUMAR, S.; TUDU, K. Economic, policy, social, and regulatory aspects of AI-driven smart buildings, Journal of Building Engineering, Band 99, 2025.
72. SCHÜTTE, J.; FRICKE, A. Wirtschaftlichkeit von kooperativen Projektabwicklungsmodellen. Grußwort zum 31. BBB-Assistent:innentreffen in Innsbruck, 2022, S. 270.
73. SPIEGL, M.; SANDER, P.; BECKER, S. C. Comparison and assessment of Integrated Project Delivery Models (IPD) in Germany and Alliance Models in Austria: Vergleich und erste Bilanz Integrierter Projektabwicklungsmodelle (IPA) in Deutschland und Allianzmodelle in Österreich, 2024.
74. GHOSH, A.; EDWARDS, D. J.; HOSSEINI, M. R. Patterns and trends in IoT research: future applications in the construction industry, Engineering, Construction and Architectural Management, Band 28, Heft 2, 2021.
75. STEFAŃSKA, A.; MARKOWSKI, H.; DIXIT, S. Three-dimensional laser scanning for structure documentation and construction management: A case study of renovation and rebuilt of metro tunnels, Ain Shams Engineering Journal, Band 15, Heft 5, 2024, Art. 102665.
76. TSAI, M. H.; YANG, C. H.; WANG, C. H.; YANG, I. T.; KANG, S. C. SEMA: A site equipment management assistant for construction management, KSCE Journal of Civil Engineering, Band 26, Heft 3, 2022, S. 1144–1162.
77. WAPELHORST, V. Konstruktion eines Entscheidungsmodells für die Vergabe von Projektmanagementleistungen bei öffentlichen Aufträgen, Dissertation, Technische Universität Dortmund, 2023.
78. ZHILYAEV, D.; BINNEKAMP, R.; WOLFERT, A. R. Best fit for common purpose: A multi-stakeholder design optimization methodology for construction management, Buildings, Band 12, Heft 5, 2022, Art. 527.
79. AHMADISHEYKHSARMAST, S.; SONMEZ, R. A smart contract system for security of payment of construction contracts, Automation in construction, Band 120, 2020, Art. 103401.
80. LUO, H.; DAS, M.; WANG, J.; CHENG, J. C. Construction payment automation through smart contract-based blockchain framework, In: Proceedings of the international symposium on automation and robotics in construction (ISARC), Band 36, 2019, S. 1254–1260.
81. YE, X.; ZENG, N.; KÖNIG, M. Systematic literature review on smart contracts in the construction industry: Potentials, benefits, and challenges, Frontiers of engineering management, Band 9, Heft 2, 2022, S. 196–213.
82. SONMEZ, R.; AHMADISHEYKHSARMAST, S.; GÜNGÖR, A. A. BIM integrated smart contract for construction project progress payment administration, Automation in Construction, Band 139, 2022, Art. 104294.
83. ZHOU, J.; TAM, V. W.; QIN, Y.; ILLANKOON, C. Cost management on prefabricated construction: A critical review (2000–2022), International Journal of Construction Management, Band 24, Heft 9, 2024, S. 997–1006.
84. SETIAWAN, F. F.; HANSEN, S.; FUJIONO, A. Measuring the influence of communication planning towards construction project performance, Project Management, Band 8, Heft 16, 2021, S. 2.
85. BOSCH-SIJTSEMA, P.; GLUCH, P. Challenging construction project management institutions: the role and agency of BIM actors, International Journal of Construction Management, Band 21, Heft 11, 2021.
86. ALI, K. N.; ALHAJLAH, H. H.; KASSEM, M. A. Collaboration and risk in BIM: a systematic literature review, Buildings, Band 12, Heft 5, 2022.

87. HEIDARI, A.; PEYVASTEGHAR, Y.; AMANZADEGAN, M. A systematic review of BIM in construction: From smart building management to BIM–AI interoperability, Architectural Science Review, Band 67, Heft 3, 2024.
88. CHENYA, L.; AMINUDIN, E.; MOHD, S.; YAP, L. S. Intelligent risk management in construction projects: Systematic literature review, IEEE Access, Band 10, 2022.
89. SHA, K. Incentive strategies for construction project manager: A common agency perspective, Construction Management and Economics, Band 37, Heft 8, 2019, S. 461–471.
90. LUO, Y.; CHEN, Y. How does contractual governance affect construction project performance? Journal of Asian Architecture and Building Engineering, Band 24, Heft 5, 2025.
91. MASOETSA, T. G.; OGUNBAYO, B. F.; AIGBAVBOA, C. O.; AWUZIE, B. O. Assessing construction constraint factors on project performance in the construction industry, Buildings, Band 12, Heft 8, 2022.
92. LUONG, D. L.; TRAN, D. H.; NGUYEN, P. T. Optimizing multi-mode time–cost–quality trade-off in construction projects using opposition multiple objective difference evolution, International Journal of Construction Management, Band 21, Heft 3, 2021.
93. ZENG, N.; LIU, Y.; GONG, P.; HERTOGH, M.; KÖNIG, M. Do right PLS and do PLS right: A critical review of PLS-SEM in construction management research, Frontiers of Engineering Management, Band 8, Heft 3, 2021, S. 356–369.
94. RASHIDI, A.; NAJAFI, M.; ARASHPOUR, M.; MOEHLER, R.; BAI, Y.; RAHIMIAN, F. Guest editorial: Embracing the future construction project lifecycle: education and training for construction 4.0, Smart and Sustainable Built Environment, Band 13, Heft 4, 2024.
95. GRANJA, A. D.; MUIANGA, E. A. D.; PICCHI, F. A.; FORMOSO, C. T. Evolutionary model for gradual transition to IPD, Revista Ingeniería de Construcción, Band 38, Heft 1, 2023.

Validierung des Leistungsbildes 5

5.1 Methodisches Vorgehen der Validierung

Die empirische Überprüfung des in dieser Arbeit entwickelten, integrierten Construction-Management-Leistungsbildes erfolgt durch eine qualitative Evaluation, deren zentrales Ziel nicht die quantitative Validierung von Hypothesen, sondern eine tiefgehende, expertenbasierte Bewertung der Praxistauglichkeit, Akzeptanz und der potenziellen Implementierungsbarrieren ist. Angesichts der Komplexität des Untersuchungsgegenstandes, der tief in organisationale, kulturelle und rechtliche Kontexte der deutschen Bauwirtschaft eingebettet ist, wurde bewusst ein qualitativer Forschungsansatz gewählt. Dieser Ansatz ermöglicht es, die vielschichtigen Meinungen, Erfahrungen und Bedenken führender Branchenexperten zu erfassen und die kausalen Zusammenhänge hinter potenziellen Erfolgs- oder Misserfolgsfaktoren aufzudecken, was mit rein quantitativen Methoden nur schwer zu leisten wäre. Als Erhebungsinstrument wurden leitfadengestützte Experteninterviews eingesetzt, deren strukturierter Aufbau eine systematische Abfrage der zentralen Thesen und Module sicherstellte und gleichzeitig durch offene Fragestellungen genügend Raum für die Entfaltung individueller Expertisen und unvorhergesehener Aspekte bot (siehe Anhang A.1). Die Auswahl der Interviewpartner erfolgte dabei nicht zufällig, sondern nach dem Prinzip des theoretischen Samplings, um ein möglichst breites und heterogenes Spektrum an relevanten Perspektiven abzudecken und somit eine multiperspektivische und gehaltvolle Bewertung des Modells zu gewährleisten.

H. Kizil, *Construction Management im Hochbau*, Entwicklung neuer Ansätze zum nachhaltigen Planen und Bauen, https://doi.org/10.1007/978-3-658-51390-0_5

5.1.1 Begründung der Expertenauswahl

Im Rahmen der Validierung des entwickelten Construction-Management-Leistungsbildes wurde der methodische Ansatz der leitfadengestützten Experteninterviews bewusst gewählt, da sich dadurch komplexe subjektive Wissensbestände und praxisbezogene Einschätzungen gewinnen lassen, die für konzeptionelle Modellierungen und die Identifikation von Implementierungsbarrieren besonders wertvoll sind. Für die Aussagekraft der empirischen Untersuchung ist dabei die Auswahl der Gesprächspartner von zentraler Bedeutung, weil im qualitativen Sampling nicht die statistische Repräsentativität, sondern die gezielte Abdeckung aller relevanten Perspektiven im Untersuchungsfeld im Vordergrund steht (vgl. Mayring, 2019). Aufgrund dieses forschungslogischen Anspruchs wurde das Kriterium der theoretischen Sättigung als Leitprinzip herangezogen: Ziel war es, ein möglichst heterogenes und multiperspektivisches Spektrum von Expertenerfahrungen sicherzustellen, das die komplexen institutionellen, kulturellen und unternehmensbezogenen Kontexte des deutschen Hochbaus exemplarisch abbildet.

Zur Operationalisierung dieses Grundsatzes wurde die Auswahl der Interviewpartner entlang der zentralen Stakeholder-Gruppen getroffen, die sowohl systemische Steuerungs-, Auftraggeber- und Ausführungskompetenz abdecken. Insgesamt repräsentieren die fünf befragten Experten ein breites Spektrum der deutschen Baubranche. Dazu zählen einerseits Führungskräfte institutioneller und öffentlicher Auftraggeber, welche die Perspektiven aus dem öffentlichen Hochbau sowie die Anforderungen der öffentlichen Vergabe und Haushaltsführung einbringen. Andererseits werden erfahrene Projektleiter aus dem Bereich der Generalunternehmer abgebildet, die insbesondere die operative Steuerungsverantwortung und die Umsetzung der AHO-Leistungsbilder aus unternehmerischer Sicht reflektieren. Hinzu kommt jeweils ein Vertreter der klassischen Projektsteuerung, der mit jahrelanger Praxiserfahrung in multiplen Bauprojekten, insbesondere in Fragen des Vertrags- und Nachtragsmanagements sowie im Umgang mit komplexen Schnittstellen, methodisches und vernetztes Wissen in die Diskussion einbringt.

Entscheidend für die Auswahl war weiterhin, dass alle Expertinnen und Experten über langjährige Berufserfahrung (mindestens 12–20 Jahre) im Management von Großprojekten im Hochbau (Bausumme i. d. R. > 10 Mio. EUR) verfügen. Zudem weist jeder Interviewpartner nachweisbare Expertise in mindestens einem der fünf Handlungsbereiche der AHO auf – sei es Planung, Steuerung, Ausführung, digitale Transformation oder Vertragsmanagement. Die Profilierung der Experten erfolgte durch gezielte Analyse der Lebensläufe, Projektverzeichnisse und jüngsten Verantwortungsbereiche, wie sie im Anhang (Kap. A) dokumentiert sind. Besonderes Augenmerk lag darauf, dass unterschiedliche Unternehmensgrößen, regionale Schwerpunkte und unternehmensspezifische

Rollenzuschreibungen im Sample vertreten sind, um auch mögliche kulturelle Unterschiede in Bezug auf Innovationsbereitschaft, Umgang mit Digitalisierung oder rechtliche Rahmenbedingungen in der Auswertung berücksichtigen zu können.

Ergänzend zu diesen formalen Kriterien wurde bei der Auswahl darauf geachtet, dass mindestens je ein Interviewpartner einschlägige praktische Erfahrung bei der Implementierung kooperativer Vertragsmodelle, der Anwendung digitaler Methoden wie BIM oder der Etablierung agiler Prozesse nachweisen konnte. Insgesamt ergibt sich so ein Sample, das nicht nur auf Heterogenität und Praxisrelevanz, sondern auch auf die Reflektiertheit und argumentative Tiefe der Untersuchungsergebnisse zielt, indem es gleichermaßen die klassischen als auch die innovativen Handlungsfelder des Construction Managements abdeckt. Durch diese methodisch reflektierte Vorgehensweise wird die Nachvollziehbarkeit der empirischen Forschung gestärkt und die Validität der in Abschn. 5.2 analysierten Expertenaussagen systematisch abgesichert.

5.1.2 Qualitative Inhaltsanalyse nach Mayring

Die systematische Auswertung des umfangreichen qualitativen Datenmaterials, das aus den transkribierten Interviews gewonnen wurde, erfolgte mittels der qualitativen Inhaltsanalyse nach Mayring [1; 2; 3; 4; 5]. Diese Methode wurde gezielt ausgewählt, da sie durch ihr regelgeleitetes und schrittweises Vorgehen eine hohe Nachvollziehbarkeit und intersubjektive Überprüfbarkeit der Ergebnisse sicherstellt und somit den Vorwurf einer rein anekdotischen oder subjektiven Interpretation entkräftet. Im Zuge der Analyse wurde ein deduktiv-induktives Kategoriensystem entwickelt. Die Hauptkategorien, wie etwa „Fragmentierung & Silodenken" oder „Strategisches Vertragsmanagement", wurden deduktiv aus den in der theoretischen Vorarbeit entwickelten Leistungsmodulen und der zentralen Forschungsfrage abgeleitet. Innerhalb dieser theoriegeleiteten Struktur wurden anschließend durch eine sorgfältige Analyse des Textmaterials induktiv Sub-Kategorien gebildet, die die spezifischen Argumentationsmuster, Problemwahrnehmungen und Lösungsansätze der Experten präzise abbilden. Dieses Vorgehen ermöglichte eine strukturierte Reduktion der Datenkomplexität, ohne die in den Interviews enthaltenen nuancierten Bedeutungen zu verlieren. Die folgende Tab. 5.1 fasst das finale Kategoriensystem zusammen, das als analytisches Gerüst für die detaillierte Ergebnisdarstellung in den nachfolgenden Kapiteln dient und die systematische Verankerung der Analyse im empirischen Material transparent macht.

Tab. 5.1. Kategoriensystem nach Mayring (2019); basierend auf den Experteninterviews. (Eigene Darstellung)

Kategorie	Sub-Kategorie	Ankerbeispiel (Zitat mit Quelle)
1. Fragmentierung & Silodenken	1.1 Getrennte Leistungsphasen	„Das System ist nicht darauf ausgelegt, dass der Ausführungsexperte bereits in der Leistungsphase 2 mit am Tisch sitzt.“ (1, Z. 43–48)
	1.2 Informationsverluste & Reibungsverluste	„Die Schnittstellen sind reine Reibungsverlustgeneratoren.“ (2, Z. 50–54)
2. Kollaborative Strukturen	2.1 Interdisziplinäres Kernteam & Big Room	„Die Idee des Big Room ist charmant. Aber die vertragliche und vergaberechtliche Umsetzung ist für uns die größere Nuss.“ (1, Z. 87–96)
	2.2 Agile Moderation des Teams	„Moderationskompetenz allein reicht nicht, man braucht auch Durchsetzungskraft.“ (1, Z. 98–104)
3. Risikomanagement	3.1 Proaktives Risikoerkennen durch Lean & BIM	„Simulationen im BIM-Modell sind Standard, jedoch ist die Datenqualität der Knackpunkt.“ (1, Z. 110–116)
	3.2 Kosten-Nutzen-Konflikt bei Prävention	„Der Mehrwert des Mehraufwands in frühen Phasen muss intern gerechtfertigt werden.“ (2, Z. 70–75)
4. Digitalisierung & Datenmanagement	4.1 Single Source of Truth & CDE	„Eine gemeinsame Datenbasis bleibt Illusion, solange die vertragliche Verantwortung nicht geklärt ist.“ (1, Z. 125–132)
	4.2 Digitale Kompetenzlücke bei KMU	„Wir können unsere Leute schulen, doch die Handwerker oft nicht – das ist die digitale Kluft.“ (2, Z. 95–100)
5. Vertragsmanagement	5.1 Bonus-Malus als umsetzbarer Anreiz	„Bonus-Malus-Regelungen sind praxistauglich, aber die Ziele müssen klar messbar sein.“ (2, Z. 135–140)
	5.2 Skepsis gegenüber Risikopools	„Als Fonds sind Risikopools undenkbar, da wir Risiken klar allokieren und versichern wollen.“ (1, Z. 140–145)
6. Organisationsmodelle	6.1 Bewertung CM-Modelle	„Das CM Standard Modell ist der attraktivste Kompromiss, da es Delegation und Kontrolle verbindet.“ (1, Z. 155–160)
	6.2 Umsetzungshindernisse: Kultur & Recht	„Das größte Problem ist die Kultur und das jahrzehntelange Misstrauen.“ (1, Z. 160–165)

5.2 Ergebnisse der Expertenbefragung

5.2.1 Analyse der Kategorie „Fragmentierung & Silodenken"

Die strukturelle Fragmentierung der deutschen Bauindustrie, die in der wissenschaftlichen Literatur als primäre Ursache für Ineffizienzen und Qualitätsmängel identifiziert wird, findet in den Experteninterviews eine eindeutige und vehemente Bestätigung [6; 7]. Alle befragten Praktiker beschreiben übereinstimmend ein System, das durch tiefverwurzelte Silostrukturen charakterisiert ist und eine ganzheitliche Optimierung des Projekterfolgs systematisch verhindert. Diese Fragmentierung manifestiert sich dabei nicht als zufälliges Nebenprodukt der Projektorganisation, sondern als direkte Konsequenz der normativen Rahmenbedingungen, die eine adversariale Grundhaltung zwischen den Projektbeteiligten strukturell fördern [8; 9]. Ein institutioneller Auftraggeber konkretisiert diese Problematik mit der Feststellung, dass „jeder seinen kleinen Bereich optimiert, aber niemand das Gesamtprojekt" [1, Z. 20–25], während ein Vertreter der ausführenden Seite die resultierenden Konsequenzen beschreibt: „Wir werden für die Lösung von Problemen bezahlt, die bei einer integrierten Planung von Anfang an gar nicht erst entstehen würden" [4, Z. 30–35]. Diese Aussagen unterstreichen die in der Forschung zu kollaborativen Projektabwicklungsmodellen betonte Notwendigkeit einer systemischen Neuausrichtung, die über punktuelle Verbesserungen hinausgeht und die Grundlogik der Zusammenarbeit fundamental verändert [10; 5].

5.2.1.1 Getrennte Leistungsphasen

Die normative Gliederung der Planungs- und Bauprozesse, wie sie durch die Honorarordnung für Architekten und Ingenieure sowie die darauf aufbauenden AHO-Leistungsbilder festgeschrieben ist, wird von den Experten als struktureller Haupttreiber für die beklagte Fragmentierung identifiziert [11; 12]. Dabei bestätigen die Praktiker die in der wissenschaftlichen Auseinandersetzung mit integrierten Projektabwicklungsmodellen formulierte Kritik, dass die starre Phasentrennung eine kollaborative und agile Zusammenarbeit systematisch konterkariert [5; 13]. Ein öffentlicher Auftraggeber fasst diese Problematik prägnant zusammen: „Die HOAI mit ihrer phasenweisen Gliederung zementiert das sequentielle Denken" [3, Z. 40–42], wodurch das System strukturell verhindert, dass entscheidende Ausführungsexpertise bereits in frühen Planungsphasen eingebunden wird. Diese Einschätzung deckt sich mit den Erkenntnissen der Forschung zu Early Contractor Involvement, die die frühzeitige Integration von Bauunternehmerkompetenz als kritischen Erfolgsfaktor für die Vermeidung späterer Planungsfehler und Kostenüberschreitungen identifiziert [14; 15].

Die Auswirkungen dieser systemischen Trennung werden von den Generalunternehmern besonders deutlich artikuliert, da sie als letzte Instanz in der Wertschöpfungskette die Konsequenzen mangelhafter Koordination zu tragen haben. Ein technischer Leiter konkretisiert diese Problematik mit der Feststellung: „Das System fördert die Abgrenzung von Verantwortlichkeiten und damit das Claim-Denken. Jeder sichert zuerst seinen eigenen Bereich ab, anstatt gemeinsam die beste Lösung für das Projekt zu finden" [2, Z. 45–50]. Diese Beobachtung validiert die in der wissenschaftlichen Literatur zu Lean Construction formulierte Kritik an traditionellen Vertragsmodellen, die konfrontative Verhaltensweisen incentivieren und einer auf Wertschöpfungsoptimierung ausgerichteten Zusammenarbeit entgegenstehen [16; 17]. Besonders problematisch erweist sich dabei die Tatsache, dass die öffentlichen Auftraggeber durch das Vergaberecht zusätzlich in diese sequenzielle Logik gedrängt werden, da separate Ausschreibungen von Planungs- und Bauleistungen eine frühzeitige, verbindliche Partnerschaft mit ausführenden Unternehmen praktisch unmöglich machen [13; 18]. Ein Vertreter der öffentlichen Hand bestätigt diese strukturelle Zwangslage: „Welches ausführende Unternehmen soll ich denn in der Leistungsphase 2 in meinen Big Room setzen? Ich habe zu diesem Zeitpunkt noch keinen Bauauftrag vergeben" [5, Z. 35–40].

5.2.1.2 Informationsverluste und Reibungsverluste

Als unmittelbare Konsequenz der strukturell verankerten Fragmentierung identifizieren alle Expertengruppen massive Reibungs- und Informationsverluste an den multiplen Schnittstellen des Projektprozesses, die in ihrer Gesamtheit die Effizienz und Qualität der Projektabwicklung erheblich beeinträchtigen [19; 20]. Diese Schnittstellenproblematik wird von einem Generalunternehmer pointiert als „reine Reibungsverlustgeneratoren" charakterisiert [2, Z. 50–54], während ein anderer Vertreter der ausführenden Seite die Projektsteuerung in diesem fragmentierten System als „Briefkasten zwischen Planern und Ausführenden" beschreibt, der Probleme lediglich weiterleite, ohne sie zu lösen [4, Z. 55–60]. Diese Einschätzungen bestätigen die in der BIM-basierten Kollaborationsforschung betonte Bedeutung durchgängiger Informationsflüsse und unterstreichen die Notwendigkeit technologischer und organisatorischer Lösungen zur Überwindung traditioneller Kommunikationsbarrieren [21; 22].

Die praktischen Auswirkungen dieser Informationsverluste werden besonders deutlich in der vehementen Kritik der ausführenden Unternehmen an der Qualität der ihnen übertragenen Ausführungsplanungen. Ein Generalunternehmer konkretisiert diese Problematik: „Wir bekommen Pläne, die entweder unvollständig, fehlerhaft oder schlicht nicht baubar sind. Das führt zu einem enormen Aufwand für Bedenkenanmeldungen, zu Baustopps und zu endlosen Diskussionen über Nachträge" [2, Z. 65–70]. Diese Aussage illustriert die in der Constructability-Forschung beschriebene Problematik, dass eine von der Ausführungsrealität losgelöste Planung systematisch zu nachgelagerten Problemen führt, die häufig mit erheblichen Kosten- und Terminüberschreitungen verbunden sind [14; 23]. Die systemische Trennung bewirkt dabei eine systematische Verschiebung des Risikos auf die ausführenden Unternehmen, die einen Festpreis für Leistungen kalkulieren müssen, deren planerische Grundlage von Anfang an unvollständig oder fehlerhaft ist.

Öffentliche Auftraggeber bestätigen diese Problemdiagnose aus ihrer spezifischen Perspektive und ergänzen die Analyse um den Aspekt der politischen und administrativen Verantwortung. Ein Vertreter der öffentlichen Hand beschreibt die resultierenden Konsequenzen: „Die mangelnde Koordination zwischen den Fachplanern führt zu Kollisionen, die erst spät entdeckt werden. Die Qualität der Ausschreibungsunterlagen ist oft unzureichend, was zu einer hohen Nachtragsquote führt" [3, Z. 50–55]. Diese Beobachtung unterstreicht die in der Forschung zu öffentlichen Bauprojekten identifizierte Problematik, dass die spezifischen Restriktionen des Vergaberechts und der Haushaltsordnung eine präventive Qualitätssicherung erschweren und reaktive Schadensbegrenzung zur dominierenden Managementstrategie werden lassen [24; 18]. Der daraus resultierende Kreislauf aus unzureichender Planung, Problemen in der Ausführung und ressourcenintensiven Auseinandersetzungen über Verantwortlichkeiten und Kosten bestätigt die Notwendigkeit einer systemischen Transformation der etablierten Projektabwicklungsmodelle, die über die Optimierung einzelner Prozessschritte hinausgeht und die Grundlogik der Zusammenarbeit neu definiert [11; 6].

5.2.2 Analyse der Kategorie „Kollaborative Strukturen"

Die empirische Validierung des in Kap. 4 entwickelten Leistungsmoduls A.1+ „Aufbau kollaborativer Projektstrukturen" durch die Expertenbefragung offenbart ein fundamentales Spannungsfeld zwischen der theoretischen Überzeugungskraft kollaborativer Ansätze und deren praktischer Implementierung im deutschen Rechts- und Kulturraum. Während die befragten Praktiker aus allen drei Stakeholder-Gruppen die fachliche Logik einer frühzeitigen Integration von Ausführungsexpertise zur Verbesserung der Planungsqualität uneingeschränkt anerkennen, divergieren ihre Einschätzungen zur praktischen Umsetzbarkeit erheblich entlang institutioneller und rechtlicher Grenzen [1, Z. 87–96; 3, Z. 140–145; 5, Z. 35–40]. Diese Diskrepanz bestätigt eindrücklich die in der internationalen Forschung zu IPD dokumentierte Erkenntnis, dass der Transfer kollaborativer Projektabwicklungsmodelle primär an kulturellen und institutionellen Barrieren scheitert, nicht an deren methodischer Überzeugungskraft [5; 15]. Die Analyse der Expertenaussagen verdeutlicht, dass die theoretische Konsistenz des Big-Room-Konzepts, wie es in der IPA-Literatur propagiert wird [25; 7], auf drei zentrale, miteinander verwobene Implementierungshürden trifft: vergaberechtliche Restriktionen, kommerzielle Unsicherheiten und kulturelle Beharrungstendenzen, die eine systematische Hierarchie der Hindernisse nach Stakeholder-Gruppen erkennen lassen.

5.2.2.1 Interdisziplinäres Kernteam und Big Room

Die empirische Validierung des Big-Room-Konzepts bestätigt zunächst dessen theoretische Fundierung in der internationalen Forschung zu kollaborativen Projektabwicklungsmodellen, offenbart jedoch gleichzeitig die Grenzen seiner Übertragbarkeit auf das deutsche System der Einzelvergabe. Sämtliche Interviewpartner erkennen das fundamentale

Problem mangelnder Planungsqualität als direktes Resultat der sequenziellen, phasengetrennten Projektabwicklung nach HOAI und bewerten die frühzeitige Einbindung von Ausführungsexpertise als den „richtigen Hebel" zur Problemlösung [1, Z. 43–48; 3, Z. 55–60]. Ein Vertreter der öffentlichen Hand bezeichnete das Potenzial einer solchen Integration sogar als „gigantisch" [3, Z. 55–60], womit die in der Lean-Construction-Forschung dokumentierten Effizienzpotenziale durch frühzeitige Kollaboration empirisch bestätigt werden [17; 16]. Diese einhellige fachliche Zustimmung steht jedoch in scharfem Kontrast zu den praktischen Implementierungsbarrieren, die eine systematische Hierarchie nach Auftraggeber-Typologie aufweisen und die in der IPD-Literatur theoretisch diskutierten Herausforderungen in der deutschen Praxis konkretisieren [13; 26].

Die stärkste Opposition gegen das Big-Room-Konzept äußert erwartungsgemäß die öffentliche Hand, deren Vertreter das deutsche Vergaberecht als nahezu unüberwindbare Barriere identifizieren, was die in der Forschung zu öffentlichen Beschaffungssystemen dokumentierten Rigidäten empirisch untermauert [13; 18]. Die fundamentale Problematik liegt in der unauflösbaren Spannung zwischen dem vergaberechtlichen Wettbewerbsgrundsatz und der für kollaborative Modelle essentiellen frühzeitigen Partnerauswahl, wie sie in der IPA-Methodik vorgesehen ist [5; 25]. Ein städtischer Hochbauamtsleiter formulierte diese Zwickmühle prägnant: „Wie wollen Sie ein Bauunternehmen für die beratende Tätigkeit in Phase 2 auswählen, ohne den Wettbewerb für die spätere Bauleistung unzulässig zu beschränken?" [3, Z. 55–60]. Diese Aussage verdeutlicht die systemische Inkompatibilität zwischen dem deutschen Vergabesystem, das auf Preiswettbewerb und diskriminierungsfreie Behandlung aller Bieter ausgerichtet ist, und den kollaborativen Prinzipien des IPD, die eine qualitätsbasierte Vorauswahl und kontinuierliche Partnerschaft erfordern [26; 15]. Die öffentlichen Auftraggeber sehen sich in einem regulatorischen Korsett gefangen, das partnerschaftliche Ansätze strukturell verhindert und damit die in der Transformationsforschung identifizierten institutionellen Pfadabhängigkeiten als dominante Innovationsbarriere bestätigt [6; 26].

Die Perspektive der institutionellen privaten Auftraggeber zeigt ein differenzierteres Bild, das sowohl die Potenziale als auch die praktischen Grenzen kollaborativer Strukturen im Bereich der Immobilienentwicklung reflektiert. Während diese Gruppe grundsätzlich über größere Flexibilität bei der Vertragsgestaltung verfügt als öffentliche Auftraggeber, verweisen auch sie auf erhebliche Implementierungshürden, die primär aus internen Compliance-Anforderungen und Risikomanagement-Prozessen resultieren [1, Z. 87–96]. Ein Vertreter eines institutionellen Investors verdeutlichte die Komplexität der frühzeitigen Partnerauswahl: „Die Idee des Big Room ist charmant. Aber die vertragliche und vergaberechtliche Umsetzung ist für uns die größere Nuss" [1, Z. 87–96]. Diese Einschätzung offenbart, dass selbst in der flexibleren Privatwirtschaft die Etablierung kollaborativer Strukturen auf organisatorische Widerstände stößt, die über reine Vergaberechtsfragen hinausgehen und in den etablierten Risikomanagement-Kulturen institutioneller Investoren verwurzelt sind. Die Herausforderungen umfassen komplexe Fragen der Haftungsverteilung, der Vergütung früher Beratungsleistungen und der Sicherstellung einer fairen

Auswahl ohne Bevorzugung einzelner Partner, was die in der Forschung zu relationalen Verträgen diskutierten Governance-Probleme empirisch bestätigt [10; 27].

Aus der Perspektive der ausführenden Unternehmen kristallisiert sich ein klares kommerzielles Dilemma heraus, das die theoretischen Vorteile kollaborativer Strukturen durch praktische Geschäftsrisiken konterkariert und die in der Lean-Construction-Forschung identifizierten Anreizkonflikte empirisch untermauert [28; 29]. Die Generalunternehmer erkennen zwar das Potenzial einer verbesserten Planungsqualität durch ihre frühzeitige Einbindung, sehen jedoch drei kritische Risikofaktoren, die eine Teilnahme am Big Room zu einem unternehmerischen Wagnis machen [2, Z. 115–119; 14, Z. 85–89]. Erstens stellt die Vergütung der frühen Beratungsleistung ein ungelöstes Problem dar, da diese hochqualifizierte Expertise der besten Mitarbeiter ohne Garantie auf den späteren Bauauftrag erbracht werden muss. Ein technischer Leiter eines Generalunternehmens verdeutlichte diese Problematik: „Wer bezahlt meine besten Leute dafür, dass sie monatelang in Workshops sitzen, anstatt auf der Baustelle Geld zu verdienen?" [4, Z. 85–89]. Zweitens entstehen komplexe Haftungsfragen, wenn planerische Inputs des Generalunternehmers später zu Problemen führen, was die in der Vertragsforschung dokumentierten Schwierigkeiten bei der Risikozuordnung in kollaborativen Modellen bestätigt [24; 30]. Drittens besteht die reale Gefahr des Know-how-Abflusses ohne Auftragszuschlag, wodurch die investierte Expertise letztendlich der Konkurrenz zugutekommt [2, Z. 115–119]. Diese Konstellation verdeutlicht die systemische Spannung zwischen den Kollaborationsanforderungen des Big Room und den kommerziellen Realitäten der deutschen Bauindustrie, die durch wettbewerbsorientierte Vergabeverfahren geprägt ist.

5.2.2.2 Agile Moderation des Teams

Die Experteninterviews zur empirischen Bewertung des Moduls A.2+ „Moderation interdisziplinärer Teams" decken eine fundamentale Diskrepanz zwischen den theoretischen Prinzipien agiler Führung, wie sie in der modernen Managementliteratur propagiert werden [8; 31], und den praktischen Anforderungen der deutschen Bauindustrie auf, die durch hierarchische Entscheidungsstrukturen und klare Verantwortungsabgrenzungen charakterisiert ist. Die Ablehnung des „Servant Leader"-Konzepts erfolgt dabei interessanterweise nicht entlang der erwarteten Trennlinien zwischen verschiedenen Stakeholder-Gruppen, sondern zeigt eine bemerkenswerte Konvergenz zwischen ausführenden Unternehmen und Auftraggebern, die beide die Notwendigkeit eindeutiger Führungs- und Entscheidungsstrukturen betonen, was die in der Organisationsforschung dokumentierte Bedeutung kontextueller Faktoren für die Anwendbarkeit agiler Methoden empirisch bestätigt [32; 6].

Die schärfste Kritik an der moderierenden Führungsrolle äußern erwartungsgemäß die Vertreter der ausführenden Unternehmen, die aus ihrer operativen Erfahrung heraus die Unvereinbarkeit von „Servant Leadership" mit den Realitäten komplexer Bauprojekte betonen und damit die in der Lean-Construction-Forschung diskutierten Grenzen partizipativer Ansätze in der Bauindustrie empirisch untermauern [16; 33]. Ein Technischer Leiter eines Generalunternehmens brachte diese Position unmissverständlich zum Ausdruck: „Mit Begriffen wie ‚Servant Leader‘ können unsere Projektleiter auf der Baustelle wenig anfangen. Ein Projektleiter muss führen, Entscheidungen treffen und die Verantwortung tragen“ [4, Z. 55–65]. Diese Aussage verdeutlicht die kulturelle Distanz zwischen den theoretischen Konzepten agiler Führung, die primär in der Software-Entwicklung und in wissensintensiven Dienstleistungsbereichen entwickelt wurden, und den praktischen Anforderungen der Baustellenrealität, die durch physische Prozesse, Sicherheitsanforderungen und zeitkritische Entscheidungen geprägt ist. Die ausführenden Unternehmen argumentieren, dass die Komplexität und die Risiken von Bauprojekten klare Führungsstrukturen und schnelle Entscheidungsprozesse erfordern, die durch moderierende Ansätze gefährdet werden könnten [2, Z. 90–93]. Diese Einschätzung steht in deutlichem Kontrast zu den in der agilen Literatur postulierten Vorteilen selbstorganisierender Teams und verdeutlicht die Grenzen der Übertragbarkeit agiler Prinzipien auf die traditionell hierarchisch strukturierte Bauindustrie [2; 32].

Überraschenderweise zeigen auch die befragten Auftraggeber, sowohl private als auch öffentliche, eine ähnlich kritische Haltung gegenüber dem Konzept der dienenden Führung, jedoch aus unterschiedlichen Motivationen heraus, die ihre jeweiligen organisatorischen Kontexte und Verantwortungsstrukturen reflektieren. Private institutionelle Auftraggeber betonen primär die Notwendigkeit einer klaren Interessenvertretung durch den Construction Manager, der als verlängerter Arm des Bauherrn agieren soll [1, Z. 100–108]. Ein Vertreter eines Immobilienfonds formulierte diese Erwartung explizit: „Wir bezahlen einen externen Dienstleister sehr teuer dafür, unsere Interessen zu vertreten und unsere Projektziele mit Nachdruck durchzusetzen. Ein ‚Servant Leader‘, der sich primär als Dienstleister des Projektteams versteht, läuft Gefahr, unsere Ziele aus den Augen zu verlieren“ [1, Z. 100–108]. Diese Aussage offenbart die fundamentale Agency-Problematik, die entsteht, wenn ein Construction Manager gleichzeitig den Auftraggeber vertreten und dem gesamten Projektteam dienen soll, was zu Loyalitätskonflikten führen kann, die in der Vertragstheorie als klassisches Problem der geteilten Interessenvertretung diskutiert werden [34; 27]. Die öffentlichen Auftraggeber argumentieren hingegen aus einer rechtlich-administrativen Perspektive und betonen ihre Verpflichtung zur ordnungsgemäßen Verwendung öffentlicher Mittel sowie zur Einhaltung gesetzlicher und politischer Vorgaben [5, Z. 55–60]. Ein städtischer Hochbauamtsleiter verdeutlichte diese Position: „Ein Projektleiter auf Bauherrenseite ist ein Vertreter der öffentlichen Hand. Er hat eine Kontroll- und Steuerungsfunktion, die er wahrnehmen MUSS. Wenn er diese Rolle zugunsten eines ‚Facilitators‘ aufgibt, wer nimmt sie dann wahr?“ [5, Z. 55–60]. Diese Argumentation unterstreicht die besonderen Anforderungen öffentlicher Auftraggeber an Transparenz, Rechenschaftspflicht und rechtskonforme Projektabwicklung, die durch moderierende Führungsansätze nicht erfüllt werden können.

Trotz der grundsätzlichen Ablehnung des reinen „Servant Leader“-Konzepts zeigt sich in den Experteninterviews ein differenzierteres Bild bezüglich der Bedeutung von Moderationskompetenzen als ergänzende Führungsfähigkeiten, was auf einen pragmatischen Syntheseansatz hindeutet, der die Vorteile agiler Methoden nutzt, ohne deren strukturelle Grenzen zu ignorieren. Mehrere Interviewpartner erkennen an, dass traditionelle Projektsteuerung oft durch mangelnde Kommunikations- und Moderationsfähigkeiten begrenzt wird und dass diese Defizite durch eine Erweiterung des Kompetenzprofils behoben werden könnten [1, Z. 98–100]. Ein privater Auftraggeber formulierte diese Erkenntnis: „Moderationskompetenz ist eine wertvolle Zusatzfähigkeit, die vielen traditionellen Projektsteuerern fehlt. Die Rolle des Moderators wird als Werkzeug akzeptiert, darf jedoch niemals die Entscheidungs- und Durchsetzungskompetenz ersetzen" [1, Z. 98–100]. Diese Aussage deutet auf einen hybriden Ansatz hin, der die bewährten hierarchischen Strukturen der deutschen Baupraxis mit modernen Kommunikations- und Kollaborationsmethoden kombiniert, ohne die grundlegenden Macht- und Verantwortungsstrukturen zu gefährden. Ein solcher Ansatz würde den in der Transformationsforschung diskutierten evolutionären Wandelpfad verkörpern, der radikale Änderungen vermeidet und stattdessen bestehende Strukturen schrittweise erweitert und verbessert [6; 32]. Die Experteninterviews legen nahe, dass ein erfolgreiches Construction Management im deutschen Kontext die Eigenschaften eines entscheidungsstarken und durchsetzungsfähigen Bauherrenvertreters mit modernen Moderations- und Kommunikationsfähigkeiten kombinieren muss, um sowohl die operativen Anforderungen der Baupraxis als auch die wachsenden Erwartungen an kollaborative Arbeitsweisen erfüllen zu können [2, Z. 90–93]. Diese Synthese entspricht dem in der agilen Transformationsforschung beschriebenen Konzept der „situativen Führung", bei dem Führungsstile kontextabhängig angepasst werden, anstatt universelle Lösungen zu propagieren [8; 35].

5.2.3 Analyse der Kategorie „Risikomanagement"

Das in Modul A.3+ entwickelte Konzept eines proaktiven Risikomanagements stößt laut den durchgeführten Experteninterviews auf ein komplexes Spannungsfeld zwischen theoretischer Anerkennung und praktischen Implementierungsbarrieren, das sich grundlegend von der in der aktuellen Forschungsliteratur propagierten optimistischen Sichtweise unterscheidet. Während die internationale Forschung zu Lean Construction und BIM-basierten Managementansätzen die Potenziale präventiver Risikominimierung durch Prozessoptimierung und digitale Simulationen eindringlich betont [17; 16; 21], zeigen die Aussagen aller befragten Expertengruppen eine deutliche Diskrepanz zwischen methodischer Überzeugung und strukturellen Umsetzungshindernissen auf. Diese Diskrepanz manifestiert sich insbesondere in der unterschiedlichen Bewertung von Investitionen in Präventionsmaßnahmen durch die verschiedenen Stakeholder-Gruppen. Während Generalunternehmer proaktive Risikomanagement-Methoden als betriebswirtschaftliche Notwendigkeit zur Effizienzsteigerung verstehen, sehen sich öffentliche Auftraggeber mit haushaltsrechtlichen und politischen Legitimationsproblemen konfrontiert, wenn sie präventive Mehraufwendungen rechtfertigen müssen. Private institutionelle Auftraggeber nehmen eine Zwischenposition ein, bei der die Anerkennung des methodischen Potenzials durch die Herausforderung der internen Budgetrechtfertigung gemindert wird. Diese differenzierten Perspektiven bestätigen die in der AHO-Systematik angelegte, aber unzureichend operationalisierte Notwendigkeit eines ganzheitlichen, projektphasenübergreifenden Risikomanagements, das über die traditionelle Risikoidentifikation und -bewertung hinausgeht [12; 11].

5.2.3.1 Proaktives Risikoerkennen durch Lean und BIM

Die empirische Validierung bestätigt zunächst die in Abschn. 3.1.1 dargelegten theoretischen Potenziale von Lean Construction zur Prozessoptimierung und Risikovermeidung durch systematische Verschwendungselimination [17; 16]. Sämtliche Expertengruppen erkennen die Wirksamkeit von Lean-Methoden wie der Taktplanung oder des Last Planner Systems zur Stabilisierung von Bauabläufen und zur Reduzierung von Prozessstörungen als inhärent risikomindernd an. Besonders deutlich wird diese Einschätzung bei den Generalunternehmern artikuliert, die diese Methoden als betriebswirtschaftlich überlebenswichtig charakterisieren, da sie direkt zur Steigerung der eigenen operativen Effizienz beitragen [4, Z. 70–75]. Diese Bewertung deckt sich mit der in der Forschungsliteratur dokumentierten Evidenz, dass Lean Construction zu signifikanten Verbesserungen der Termintreue und zu einer messbaren Reduktion von Nacharbeit führen kann [17; 36]. Gleichzeitig validieren die Praktiker das in Abschn. 3.2.1 beschriebene Potenzial von BIM als operatives Rückgrat für ein datengestütztes Risikomanagement [21; 37]. Der Einsatz digitaler Simulationen im BIM-Modell zur Kollisionsprüfung und zur Analyse von Bauabläufen im 4D-Modell wird einhellig als logischer und wirksamer Ansatz zur frühzeitigen Identifikation technischer Risiken bewertet. Insbesondere öffentliche Auftraggeber heben hervor, dass solche Simulationen eine deutlich verbesserte Argumentationsgrundlage gegenüber Kontrollinstanzen schaffen, da komplexe Zusammenhänge visualisiert und nachvollziehbar dokumentiert werden können [3, Z. 95–100]. Diese Einschätzung untermauert die theoretische Annahme, dass BIM weit über die reine 3D-Visualisierung hinausgeht und als reichhaltiger, objektorientierter Datensatz zur strategischen Risikoanalyse genutzt werden kann [21; 38]. Dennoch kristallisiert sich über alle Expertengruppen hinweg die einhellige Erkenntnis heraus, dass die technologischen und methodischen Werkzeuge für ein proaktives Risikomanagement grundsätzlich verfügbar und ihre Wirksamkeit anerkannt sind, der entscheidende Implementierungsengpass jedoch nicht in der Methode selbst, sondern in den kommerziellen und organisatorischen Rahmenbedingungen liegt.

5.2.3.2 Kosten-Nutzen-Konflikt bei Prävention

Die detaillierte Analyse der Expertenaussagen deckt einen fundamentalen und bislang ungelösten Widerspruch zwischen der theoretischen Überzeugung von der Wirksamkeit präventiver Maßnahmen und der praktischen Bereitschaft auf, entsprechende Investitionen zu tätigen, der die in der AHO-Systematik implizit vorausgesetzte rationale Kosten-Nutzen-Optimierung systematisch unterläuft [12; 11]. Dieser Widerspruch manifestiert sich in unterschiedlichen Ausprägungen bei den verschiedenen Akteursgruppen, wobei strukturelle und institutionelle Faktoren eine entscheidende Rolle spielen. Öffentliche Auftraggeber sehen sich mit einer besonders ausgeprägten Legitimationsproblematik konfrontiert, da sie Ausgaben für die Vermeidung nur potenzieller Probleme administrativ und politisch rechtfertigen müssen, während der Nachweis eines nicht eingetretenen Schadens methodisch kaum zu führen ist [3, Z. 100–105; 5, Z. 75–82]. Diese Herausforderung wird durch die in der öffentlichen Verwaltung vorherrschende Kultur der reaktiven Problembearbeitung verstärkt, wie ein Interviewpartner pointiert formulierte: „Wir verwalten Mangel, wir investieren nicht auf Verdacht" [5, Z. 81–82]. Diese Aussage verdeutlicht eine systemische Inkompatibilität zwischen den Prinzipien proaktiver Risikoprävention, wie sie in der Lean-Philosophie verankert sind [16; 33], und den institutionellen Logiken öffentlicher Haushaltsführung. Generalunternehmer artikulieren hingegen eine andere Form des Kosten-Nutzen-Konflikts, bei dem sie zwar die Notwendigkeit proaktiven Handelns anerkennen, jedoch eine strukturelle Asymmetrie in der Risikoverteilung beklagen. Sie werden aufgefordert, präventive Maßnahmen zu ergreifen, sollen jedoch die damit verbundenen Mehrkosten selbst tragen, ohne dass der Auftraggeber bereit ist, beispielsweise die Kosten für teurere, aber verfügbarere Materialien zur Terminrisikovermeidung zu übernehmen [2, Z. 100–105]. Diese Konstellation führt zu einem pervertierten Anreizsystem, bei dem das Lösen eingetretener Probleme finanziell attraktiver ist als deren Vermeidung [4, Z. 78–80]. Private institutionelle Auftraggeber nehmen eine intermediäre Position ein, bei der sie das Potenzial präventiver Maßnahmen grundsätzlich anerkennen, jedoch ebenfalls mit der Herausforderung der internen Rechtfertigung eines präventiven Mehraufwands konfrontiert sind [1, Z. 120–124]. Die Synthese dieser unterschiedlichen Perspektiven macht deutlich, dass ein funktionierendes proaktives Risikomanagement, wie es in der theoretischen Konzeption des Moduls A.3+ angestrebt wird, eine fundamentale Neuausrichtung der Anreizsysteme und Kostenverteilungsmechanismen erfordert, die weit über die in der AHO-Systematik vorgesehenen Instrumente hinausgeht und eine gemeinsame, transparente Bewertung von Risiken sowie eine faire, vertraglich geregelte Verteilung der Kosten und Nutzen von Präventionsmaßnahmen zur Voraussetzung hat.

5.2.4 Analyse der Kategorie „Digitalisierung & Datenmanagement"

Die systematische Auswertung der Experteninterviews zur Digitalisierung im Construction Management offenbart ein fundamentales Spannungsfeld zwischen den in der Literatur propagierten Potenzialen moderner Informationstechnologien und den komplexen Implementierungsrealitäten der deutschen Baupraxis. Während die theoretischen Grundlagen für digitale Managementansätze, insbesondere durch BIM und Common Data Environments (CDE), in der internationalen Forschung als entscheidende Enabler für kollaborative Projektabwicklung etabliert sind [21; 22], zeigen die Expertengespräche eine deutliche Diskrepanz zwischen normativen Erwartungen und operativer Umsetzbarkeit auf. Die befragten Praktiker aus institutionellen Auftraggeberkreisen, Generalunternehmen und öffentlichen Verwaltungen bestätigen zwar einhellig die grundsätzliche Bedeutung der Digitalisierung für eine effizientere Projektsteuerung, identifizieren jedoch strukturelle und organisatorische Barrieren, die eine flächendeckende Implementierung des in Modul A.4+ „Digitales Informationsmanagement" entwickelten Konzepts erheblich erschweren. Diese Erkenntnisse stehen in direkter Verbindung zu den in der Literaturanalyse identifizierten Herausforderungen der BIM-Integration in fragmentierte Projektorganisationen [39; 38], verdeutlichen jedoch die spezifischen Ausprägungen im deutschen Rechts- und Kulturraum. Die nachfolgende Analyse arbeitet diese Spannungsfelder systematisch auf und verknüpft die empirischen Befunde mit den theoretischen Erkenntnissen über digitale Transformation in der Bauwirtschaft [40; 41].

5.2.4.1 Single Source of Truth und CDE

Die Konzeption einer zentralisierten Informationsarchitektur durch BIM und CDE, wie sie im entwickelten CM-Leistungsbild als technologisches Rückgrat definiert wurde, erfährt von allen befragten Expertengruppen eine grundsätzliche fachliche Anerkennung, wobei jedoch die praktische Realisierbarkeit kontrovers diskutiert wird. Die Vision einer „Single Source of Truth", die in der wissenschaftlichen Literatur als wesentliche Voraussetzung für die Überwindung von Informationsfragmentierung und die Etablierung transparenter Kollaborationsprozesse gilt [21; 22], wird von den Praktikern als theoretisch wünschenswerter, jedoch unter den gegenwärtigen Rahmenbedingungen nur schwer erreichbarer Zielzustand eingeschätzt. Insbesondere institutionelle Auftraggeber artikulieren die fundamentale Problematik, dass eine gemeinsame Datenbasis eine Illusion bleibe, solange die vertragliche Verantwortung für die Datenpflege nicht geklärt sei [1, Z. 130–132]. Diese Einschätzung korrespondiert unmittelbar mit den in der Literatur beschriebenen Herausforderungen fragmentierter Vertragsstrukturen, die einer integrierten Datenarchitektur entgegenstehen [19; 42]. Die Experten konstatieren übereinstimmend, dass jeder Projektbeteiligte primär seinen eigenen, abgegrenzten Leistungsbereich optimiere und dabei kaum Anreize bestehen, Daten in einer für andere Akteure optimal nutzbaren Form bereitzustellen, was die in der Forschung diskutierten Probleme mangelnder Interoperabilität und Datenqualität in der Praxis bestätigt [22; 38].

Die technologischen Herausforderungen manifestieren sich besonders deutlich in den Aussagen der ausführenden Unternehmen, die eine erhebliche Diskrepanz zwischen den theoretischen Möglichkeiten des Datenaustauschs und der praktischen Nutzbarkeit der übertragenen Informationen beschreiben. Generalunternehmer charakterisieren die Realität als einen „Flickenteppich aus inkonsistenten Daten", wobei die über standardisierte IFC-Schnittstellen ausgetauschten BIM-Modelle häufig derart massive Informationsverluste aufweisen, dass sie für operative Zwecke wie Kalkulation oder Arbeitsvorbereitung unbrauchbar werden [4, Z. 90–95]. Diese empirischen Befunde untermauern die in der Fachliteratur dokumentierten Interoperabilitätsprobleme zwischen verschiedenen Softwaresystemen und die damit verbundenen Qualitätsverluste bei der Datenübertragung [40; 22]. Darüber hinaus wird deutlich, dass die mangelnde technische Standardisierung zwischen den Planungsdisziplinen zu einem erheblichen Mehraufwand führt, da ausführende Unternehmen gezwungen sind, ausführungsreife Modelle mit hohem Ressourceneinsatz neu zu erstellen, anstatt auf die vorhandenen Planungsdaten aufbauen zu können. Diese Problematik verdeutlicht die Grenzen einer rein technologiegetriebenen Digitalisierungsstrategie und unterstreicht die Notwendigkeit organisatorischer und vertraglicher Lösungsansätze, wie sie in der Literatur zu BIM-basierten Kollaborationsnetzwerken diskutiert werden [19; 42].

Aus der Perspektive öffentlicher Auftraggeber ergeben sich zusätzliche spezifische Herausforderungen, die über die allgemeinen technologischen Hürden hinausgehen und sich aus den besonderen Anforderungen an Transparenz, Diskriminierungsfreiheit und Nachvollziehbarkeit in Vergabeverfahren ableiten. Die objektive und rechtssichere Bewertung der BIM-Kompetenz von Bietern im Rahmen komplexer Ausschreibungsverfahren erweist sich als hochkomplex, da standardisierte Bewertungskriterien für digitale Kompetenzen und Datenqualität noch nicht hinreichend etabliert sind [5, Z. 90–98]. Diese Problematik wird durch die begrenzten personellen Ressourcen in öffentlichen Verwaltungen verstärkt, die eine detaillierte Qualitätsprüfung der gelieferten digitalen Modelle oft nicht gewährleisten können. Die empirischen Erkenntnisse bestätigen damit die in der Literatur diskutierten besonderen Herausforderungen der BIM-Implementierung im öffentlichen Sektor [43; 18], wo zusätzlich zu den technologischen Aspekten auch vergaberechtliche und verwaltungsorganisatorische Faktoren die Digitalisierungsprozesse maßgeblich beeinflussen.

5.2.4.2 Digitale Kompetenzlücke bei KMU

Die Analyse der Expertenaussagen zur digitalen Kompetenzverteilung in der Bauwirtschaft deckt eine strukturelle Asymmetrie auf, die als eine der gravierendsten Barrieren für die flächendeckende Implementierung digitaler Managementansätze identifiziert werden kann und die theoretischen Erkenntnisse über die heterogene Digitalisierungsbereitschaft in der Bauwirtschaft empirisch untermauert [40; 41]. Während große Generalunternehmer und etablierte Planungsbüros zunehmend über die Ressourcen und Expertise verfügen, ihre Mitarbeiter zu qualifizieren und moderne Hard- und Software zu implementieren, offenbart sich an der Schnittstelle zu kleinen und mittleren Nachunternehmern sowie Handwerksbetrieben eine erhebliche Kompetenz- und Ausstattungslücke, die als „digitale Kluft" charakterisiert wird [2, Z. 99–100]. Diese Erkenntnisse korrespondieren direkt mit der in der Forschungsliteratur diskutierten Problematik der ungleichen Digitalisierungsgeschwindigkeit zwischen verschiedenen Akteursgruppen in der Bauwirtschaft [44; 45], wobei insbesondere KMU aufgrund begrenzter Ressourcen und fehlender Skaleneffekte bei der Technologieadoption strukturell benachteiligt sind. Die praktischen Auswirkungen dieser digitalen Asymmetrie manifestieren sich in einer systematischen Unterbrechung der digitalen Prozesskette an den Schnittstellen zu kleineren Subunternehmern, wodurch die theoretischen Effizienzpotenziale einer durchgängigen BIM-basierten Projektabwicklung nicht realisiert werden können.

Die Konsequenzen dieser strukturellen Kompetenzlücke führen zu einem paradoxen Rückfall in analoge Kommunikationsformen, obwohl die digitale Infrastruktur grundsätzlich verfügbar wäre. Trotz vorhandener BIM-Modelle und CDE-Plattformen werden in der Praxis weiterhin traditionelle Kommunikationswege wie ausgedruckte Pläne oder PDF-Versendung per E-Mail genutzt, um die Kommunikation mit digital weniger versierten Betrieben aufrechtzuerhalten [2, Z. 95–98]. Diese empirischen Befunde illustrieren eindrücklich die in der Literatur beschriebenen Herausforderungen der technologischen Pfadabhängigkeit und der Notwendigkeit einer ganzheitlichen Change-Management-Strategie, die über die reine Technologiebereitstellung hinausgeht [8; 10]. Die Expertenaussagen verdeutlichen, dass die erfolgreiche Digitalisierung nicht nur eine Frage der technischen Machbarkeit, sondern primär eine organisationale und qualifikatorische Herausforderung darstellt, die systematische Qualifizierungs- und Unterstützungsmaßnahmen für die gesamte Wertschöpfungskette erfordert.

Besonders deutlich wird diese Problematik in den Aussagen öffentlicher Auftraggeber, die zusätzlich zu den allgemeinen Kompetenzdefiziten mit den spezifischen Anforderungen des Vergaberechts konfrontiert sind, welches eine objektive und diskriminierungsfreie Bewertung digitaler Kompetenzen erfordert. Die Schwierigkeit, BIM-Kompetenz standardisiert und nachvollziehbar zu bewerten, wird durch die begrenzten personellen Ressourcen in öffentlichen Verwaltungen verstärkt, die eine detaillierte Qualitätsprüfung der gelieferten digitalen Modelle oft nicht gewährleisten können [5, Z. 90–98]. Diese Erkenntnisse stehen in direkter Verbindung zu den in der Literatur diskutierten Implementierungsbarrieren für BIM in öffentlichen Projekten [43; 24], wobei die Experteninterviews die besonderen Herausforderungen der Kompetenzentwicklung und -bewertung in stark regulierten Umgebungen konkretisieren. Die systematische Analyse zeigt, dass die digitale Transformation im Construction Management nicht als isolierte technologische Innovation verstanden werden kann, sondern als komplexer organisationaler Wandelprozess, der koordinierte Anstrengungen aller Akteure zur Kompetenzentwicklung und zur Schaffung kompatibeler technischer Standards erfordert, um die in der Theorie propagierten Effizienz- und Qualitätspotentiale tatsächlich zu realisieren [46; 47].

5.2.5 Analyse der Kategorie „Vertragsmanagement"

Aus den Experteninterviews zum strategischen Vertragsmanagement geht ein komplexes Spannungsfeld zwischen den theoretischen Potenzialen partnerschaftlicher Vertragsmodelle und deren praktischer Implementierbarkeit im deutschen Rechts- und Kulturraum hervor. Das in Modul E+ „Strategisches Vertragsmanagement" entwickelte Konzept, welches die traditionelle Vertragsadministration nach AHO durch kollaborative Anreizsysteme erweitern soll, wurde von den befragten Experten einer kritischen und differenzierten Bewertung unterzogen. Dabei kristallisiert sich eine bemerkenswerte Dichotomie zwischen der grundsätzlichen Anerkennung innovativer Ansätze und der vehementen Ablehnung disruptiver Modelle heraus, die etablierte Strukturen grundlegend infrage stellen. Die Praktiker aus institutionellen Auftraggeberkreisen, Generalunternehmen und öffentlichen Verwaltungen demonstrieren eine pragmatische Haltung, die evolutionäre Weiterentwicklungen bestehender Vertragsstrukturen befürwortet, während radikale Paradigmenwechsel auf strukturelle Widerstände stoßen. Diese Erkenntnisse bestätigen die in der Literaturanalyse formulierte Hypothese, dass eine unreflektierte Übertragung internationaler, relationaler Vertragsmodelle wie der IPA auf den durch VOB/B und BGB geprägten deutschen Kontext an fundamentalen rechtlichen und kulturellen Barrieren scheitert [13; 26]. Gleichzeitig verdeutlicht die Analyse die Bereitschaft zur moderaten Innovation, sofern diese an bewährte Strukturen andockt und keine grundsätzliche Neudefinition etablierter Haftungs- und Risikoverteilungen erfordert. Die nachfolgende detaillierte Untersuchung arbeitet diese komplexen Zusammenhänge systematisch auf und verknüpft die empirischen Befunde mit den theoretischen Erkenntnissen zu partnerschaftlichen Projektabwicklungsmodellen [5; 15].

5.2.5.1 Bonus-Malus als umsetzbarer Anreiz

Die Analyse der Expertenaussagen zu Bonus-Malus-Regelungen als Instrument zur Schaffung partnerschaftlicher Anreize zeigt eine bemerkenswerte Konvergenz zwischen den verschiedenen Akteursgruppen, wobei sich dieses Vertragsmodell als pragmatischer Kompromiss zwischen innovativem Anspruch und struktureller Kompatibilität erweist. Im Gegensatz zu den in der internationalen Literatur propagierten umfassenden Shared-Risk-Reward-Systemen der IPA [15; 25] präferieren die befragten Praktiker eine inkrementelle Erweiterung klassischer Einheitspreis- oder Pauschalverträge, die bewährte rechtliche Strukturen respektiert, jedoch durch gezielte Anreizmechanismen ergänzt wird. Institutionelle Auftraggeber artikulieren eine grundsätzliche Offenheit gegenüber Bonus-Regelungen für die Einhaltung ambitionierter Termin- oder Qualitätsziele, betonen jedoch nachdrücklich die Notwendigkeit absolut objektiver und unmissverständlicher Zieldefinitionen [1, Z. 138–140]. Diese Präferenz für Messbarkeit und Rechtssicherheit reflektiert die in der Literatur beschriebenen Charakteristika des deutschen Bauwesens, das traditionell durch detaillierte normative Regelwerke und klar abgrenzbare Verantwortlichkeiten geprägt ist [24; 30]. Die Expertise zeigt, dass terminliche Ziele aufgrund ihrer binären Natur und objektiven Verifizierbarkeit als unproblematisch eingestuft werden, während qualitätsbezogene Bonifikationen aufgrund ihrer inhärenten Subjektivität und Interpretationsspielräume als deutlich anspruchsvoller in der vertraglichen Operationalisierung gelten.

Aus der Perspektive der ausführenden Unternehmen manifestiert sich eine differenzierte Haltung gegenüber Bonus-Malus-Systemen, die sowohl die Chancen als auch die Risiken solcher Anreizstrukturen widerspiegelt und die in der Literatur diskutierten Probleme asymmetrischer Risikoverteilung in traditionellen Vertragsmodellen [48; 49] konkretisiert. Generalunternehmer signalisieren grundsätzliche Bereitschaft zur Partizipation an Bonussystemen, knüpfen dies jedoch an die Bedingung, dass Malus-Regelungen ausschließlich für Leistungsbereiche greifen, die in ihrer vollständigen Kontrolle liegen [2, Z. 115–119]. Diese Position unterstreicht die fundamentale Bedeutung einer fairen und kontrollierbaren Risikoallokation, wie sie auch in der wissenschaftlichen Literatur zu erfolgreichen Anreizsystemen betont wird [50; 23]. Die Befragten artikulieren explizit die Befürchtung, durch externe Störungen verursachte Verzögerungen oder Qualitätsmängel nicht zu verantworten und dennoch finanziell sanktioniert zu werden, was den adversarischen Charakter traditioneller Vertragsbeziehungen perpetuieren würde. Diese Erkenntnisse korrespondieren mit den theoretischen Überlegungen zu kollaborativen Vertragsmodellen, die eine Abkehr von der traditionellen Logik der einseitigen Risikozuweisung zugunsten einer gemeinsamen Verantwortung für den Projekterfolg anstreben [5; 10].

Die spezifischen Herausforderungen öffentlicher Auftraggeber bei der Implementierung von Bonus-Systemen verdeutlichen die besonderen Restriktionen, denen dieser Akteurstyp durch haushaltsrechtliche und politische Rahmenbedingungen unterliegt. Vertreter kommunaler Hochbauämter thematisieren die erheblichen Schwierigkeiten bei der internen und externen Rechtfertigung von Mehrausgaben für Leistungen, die formal als vertraglich geschuldet betrachtet werden [3, Z. 108–118]. Diese Problematik reflektiert die in der Literatur zu öffentlichem Projektmanagement diskutierten Spannungsfelder zwischen effizienzorientierter Projektsteuerung und den Anforderungen politischer Rechenschaftslegung [24; 18]. Die empirischen Befunde zeigen, dass öffentliche Auftraggeber einen deutlich höheren argumentativen und dokumentarischen Aufwand betreiben müssen, um Bonus-Zahlungen gegenüber Kontrollinstanzen, politischen Gremien und der Öffentlichkeit zu legitimieren. Dennoch artikulieren die Experten grundsätzliches Interesse an solchen Instrumenten, sofern der Mehrwert durch konkrete Kosteneinsparungen oder Effizienzgewinne nachgewiesen werden kann, was die prinzipielle Kompatibilität gradueller Vertragsreformen mit den Strukturen öffentlicher Verwaltung demonstriert.

5.2.5.2 Skepsis gegenüber Risikopools

Die Reaktionen der Experten auf das Konzept gemeinsamer Risikopools, wie es in internationalen IPA-Modellen als zentraler Mechanismus zur Interessensynchronisation propagiert wird [15; 51], offenbaren eine nahezu einhellige und vehemente Ablehnung, die tiefliegende strukturelle und kulturelle Barrieren des deutschen Bauwesens sichtbar macht. Diese fundamentale Skepsis gegenüber kollektiven Risikoverteilungsmodellen steht in direktem Widerspruch zu den in der Literatur beschriebenen Erfolgsfaktoren partnerschaftlicher Projektabwicklung, die gerade in der gemeinsamen Übernahme von Risiken und Chancen einen Schlüsselmechanismus zur Überwindung adversarischer Beziehungsmuster sehen [5; 25]. Institutionelle Auftraggeber charakterisieren Risikopool-Modelle als grundlegend unvereinbar mit ihren etablierten Risikomanagement-Philosophien, die auf der präzisen Identifikation, Allokation und versicherungstechnischen Absicherung von Einzelrisiken basieren [1, Z. 140–143]. Diese Position reflektiert die in der deutschen Bauwirtschaft vorherrschende Präferenz für kalkulierbare und kontrollierbare Risikostrukturen, die sich deutlich von den in angloamerikanischen Märkten entwickelten, auf Vertrauen und gemeinsame Verantwortung basierenden Modellen unterscheidet [13; 26]. Die kategorische Ablehnung verdeutlicht, dass die kulturellen und institutionellen Grundlagen für kollaborative Risikomodelle im deutschen Kontext noch nicht ausreichend entwickelt sind.

Aus der Perspektive der ausführenden Unternehmen manifestiert sich die Ablehnung von Risikopools in spezifischen Befürchtungen bezüglich der Aufweichung bewährter rechtlicher Strukturen und der Entstehung unkontrollierbarer Haftungsrisiken. Generalunternehmer artikulieren die Sorge, dass gemeinsame Risikopools die klaren Haftungsgrenzen der VOB/B unterminierten und zu einem „juristischen Albtraum“ führen könnten [2, Z. 110–112]. Diese Einschätzung unterstreicht die zentrale Bedeutung der VOB/B als normatives Rückgrat der deutschen Bauvertragslandschaft und die Befürchtung, dass innovative Vertragsmodelle diese bewährten Strukturen destabilisieren könnten. Darüber hinaus zeigt sich eine ausgeprägte Tendenz zur Abgrenzung unternehmerischer Verantwortlichkeiten, die sich in der mangelnden Bereitschaft äußert, eigene Margen und Risiken mit Partnern zu teilen, deren Effizienz und Leistungsfähigkeit nicht vollständig kontrollierbar sind [4, Z. 96–100]. Diese Haltung entspricht der in der Literatur beschriebenen individualistischen Unternehmenskultur im deutschen Bauwesen, die traditionell auf klare Abgrenzung von Verantwortlichkeiten und die Optimierung der eigenen Leistungsbereiche fokussiert ist [6; 20].

Die fundamentale Kritik an Risikopool-Modellen erstreckt sich auch auf Befürchtungen bezüglich der Verantwortungsdiffusion und der potenziellen Subventionierung ineffizienter Partner durch leistungsstarke Unternehmen. Die Experten artikulieren explizit die Sorge, dass kollektive Risikostrukturen Anreize zur Leistungsoptimierung reduzieren könnten und letztlich eine Umverteilung von effizienten zu weniger effizienten Akteuren bewirken würden. Diese Bedenken korrespondieren mit den in der ökonomischen Literatur diskutierten Problemen kollektiver Handlung und Moral Hazard in gemeinschaftlichen Risikostrukturen, wobei individuelle Akteure Anreize haben könnten, ihre Anstrengungen zu reduzieren, wenn die Konsequenzen kollektiv getragen werden [34; 50]. Die empirischen Befunde falsifizieren somit eindeutig die Anwendbarkeit reiner Risikopool-Modelle für die breite deutsche Baupraxis und bestätigen, dass die Kultur der klar abgegrenzten Verantwortung als fundamentales Charakteristikum des deutschen Bauwesens tief im Selbstverständnis der Akteure verankert ist. Diese Erkenntnisse verdeutlichen die Grenzen der direkten Übertragung internationaler Vertragsmodelle und unterstreichen die Notwendigkeit kulturspezifischer Adaptationen, die bestehende institutionelle Strukturen respektieren, jedoch graduell in Richtung größerer Kollaboration weiterentwickeln [26; 52].

5.2.6 Analyse der Kategorie „Organisationsmodelle“

Die systematische Konfrontation der Praktiker mit den in Abschn. 4.3 entwickelten, drei abgestuften CM-Organisationsmodellen bildete den analytischen Kulminationspunkt der Expertenbefragung und offenbarte komplexe Spannungsfelder zwischen theoretischen Potenzialen und praktischen Implementierungsbarrieren. Diese finale Validierungsphase diente nicht nur als empirischer Praxistest für das gesamte entwickelte Leistungsbild, sondern ermöglichte auch eine differenzierte Analyse der organisatorischen Präferenzen verschiedener Stakeholder-Gruppen im deutschen Bauwesen. Die Bewertung der drei Modelle – „CM Light“ als optimierte Projektsteuerung nach AHO-Systematik, „CM Standard“ mit delegierter Entscheidungsvollmacht und „CM Advanced“ mit voller Ergebnisverantwortung – durch Vertreter institutioneller Auftraggeber, öffentlicher Verwaltungen und Generalunternehmen zeichnet ein vielschichtiges Bild der deutschen Baulandschaft, das weit über die reine Modellbewertung hinausgeht. Während die theoretische Literatur zu integrierten Projektabwicklungsmodellen die Notwendigkeit einer kontextspezifischen Anpassung betont [32; 6], verdeutlichen die empirischen Befunde, dass die Eignung eines CM-Modells nicht nur von projektbezogenen Faktoren abhängt, sondern maßgeblich durch strukturelle, rechtliche und kulturelle Rahmenbedingungen determiniert wird. Die Analyse zeigt eindeutig, dass es nicht das eine, universell passende CM-Modell für den heterogenen deutschen Markt gibt, sondern dass die Modellwahl entscheidend vom spezifischen Auftraggeberprofil, der individuellen Risikobereitschaft, der verfügbaren Fachkompetenz und den jeweiligen rechtlichen Restriktionen abhängt.

5.2.6.1 Bewertung der CM-Organisationsmodelle

Die systematische Bewertung der drei vorgestellten Organisationsmodelle durch die befragten Experten ergab ein bemerkenswert konvergentes Votum, das deutliche Präferenzmuster zwischen den verschiedenen Stakeholder-Gruppen offenbart und die in der wissenschaftlichen Literatur postulierte Notwendigkeit einer kontextabhängigen Modellwahl empirisch untermauert [32; 6]. Das CM-Light-Modell, das konzeptionell eine um moderne Methoden wie Lean Construction und agile Moderationstechniken angereicherte Projektsteuerung nach AHO-Systematik darstellt, erfuhr von den Praktikern eine bemerkenswert einheitliche, jedoch überwiegend kritische Bewertung. Die Experten charakterisierten diesen Ansatz mehrheitlich als unzureichend innovativ und als evolutionäre Weiterentwicklung bestehender Strukturen, die keine fundamentalen Veränderungen der etablierten Arbeitsweise bewirkt [2, Z. 120]. Während das Modell durchaus als Verbesserung gegenüber einer schlecht ausgeübten, rein administrativen Projektsteuerung anerkannt wird, betonen die Befragten, dass der Mehrwert gegenüber einer bereits exzellent durchgeführten klassischen Projektsteuerung nach AHO-Standard marginal ausfällt [3, Z. 130–132]. Diese Einschätzung korrespondiert mit wissenschaftlichen Erkenntnissen zur schrittweisen Transformation von Projektabwicklungsmodellen, wonach inkrementelle Ansätze zwar Akzeptanz finden, jedoch nur begrenzte Wirkung entfalten [32; 52]. Die kritische Haltung der Experten verdeutlicht, dass die deutsche Baupraxis bereits ein hohes Qualitätsniveau in der traditionellen Projektsteuerung erreicht hat und graduelle Verbesserungen nicht ausreichen, um die strukturellen Herausforderungen komplexer Großprojekte zu bewältigen [11; 12].

Im deutlichen Kontrast hierzu steht die Bewertung des CM-Advanced-Modells, das durch seine volle Ergebnisverantwortung für definierte Teilbereiche und eine direkte finanzielle Beteiligung des Construction Managers charakterisiert ist. Die Reaktionen auf dieses Modell offenbaren eine fundamentale Dichotomie zwischen den Perspektiven der ausführenden Unternehmen einerseits und der Auftraggeberseite andererseits. Generalunternehmer identifizieren das CM-Advanced-Modell als das für sie präferierte Organisationsmodell, da es strukturell ihrem etablierten Geschäftsmodell als Total- oder Generalunternehmer mit integrierter Planungsverantwortung entspricht [4, Z. 100–105]. Sie sehen darin die konzeptionell sauberste Form der Verantwortungsteilung, bei der ein leistungsstarker Partner dem Bauherrn das operative Risiko gegen eine angemessene Risikoprämie abnimmt, was mit theoretischen Erkenntnissen zu Anreiz- und Vergütungsstrukturen in integrierten Projektabwicklungsmodellen wie IPD/IPA übereinstimmt [50; 51]. Diese Perspektive reflektiert das unternehmerische Selbstverständnis der Generalunternehmer, die eine klare Risiko-Rendite-Logik präferieren und die Übernahme von Ergebnisverantwortung als legitimen Geschäftszweck betrachten [53; 15].

Die Auftraggeberseite, insbesondere institutionelle und öffentliche Vertreter, artikuliert hingegen massive Bedenken gegenüber dem CM-Advanced-Modell, die sich auf fundamentale Interessenkonflikte und Kontrollverluste konzentrieren. Private institutionelle Auftraggeber befürchten einen unauflösbaren Zielkonflikt, bei dem der Construction Manager vorrangig sein eigenes finanzielles Ergebnis optimiert und nicht mehr treuhänderisch die Interessen des Bauherrn vertritt [1, Z. 150–153]. Diese Sorge um die Erosion der treuhänderischen Beziehung spiegelt die in der Literatur zu Prinzipal-Agent-Problemen diskutierten Herausforderungen wider, wobei die Interessenalignment zwischen Auftraggeber und Dienstleister bei komplexen Vergütungsmodellen schwierig zu gewährleisten ist [26; 50]. Für öffentliche Auftraggeber erweist sich das CM-Advanced-Modell als praktisch nicht implementierbar, da die Abgabe der Ergebnisverantwortung an externe Dritte fundamentalen haushalts- und haftungsrechtlichen Prinzipien widerspricht [3, Z. 125–128; 5, Z. 115–120]. Die öffentliche Hand ist strukturell darauf angewiesen, die unmittelbare Verantwortung für die ordnungsgemäße Verwendung von Steuergeldern zu behalten, was eine Delegation der Ergebnisverantwortung an private Akteure ausschließt [13; 18].

Als eindeutiger Favorit der befragten Experten, insbesondere unter professionellen privaten und öffentlichen Auftraggebern, kristallisierte sich das CM-Standard-Modell heraus, das einen intelligenten Kompromiss zwischen Kontrolle und Delegation verkörpert. Dieses Modell wird in der wissenschaftlichen Literatur als integrierte, aber kontrollwahrende Organisationsform charakterisiert, die die Vorteile dezentraler Entscheidungsfindung mit zentraler strategischer Steuerung verbindet [54; 11]. Die Grundphilosophie des Modells, die strategische Gesamtverantwortung und die Budgethoheit beim Bauherrn zu belassen, jedoch klar definierte operative Entscheidungsbefugnisse – beispielsweise für die direkte Steuerung der Fachplaner oder die eigenständige Freigabe von Nachträgen innerhalb eines vorab festgelegten finanziellen Korridors – an einen professionell qualifizierten Construction Manager zu delegieren, wird von den Experten als der entscheidende Hebel zur Beschleunigung von Projektprozessen und zur signifikanten Entlastung des Bauherrn im operativen Tagesgeschäft bewertet [1, Z. 157–160; 3, Z. 128–130]. Diese Einschätzung korrespondiert mit wissenschaftlichen Erkenntnissen zu dezentralen Planungs- und Steuerungsansätzen, die eine zentrale Integrationsrolle mit autonomen Teilbereichen kombinieren [32; 55]. Das CM-Standard-Modell ermöglicht eine echte, messbare Ergebnisverantwortung in einem klar abgegrenzten Rahmen, ohne dass der Auftraggeber die strategische Kontrolle über sein Projekt oder die finale Budgethoheit verliert [56; 57].

5.2.6.2 Umsetzungshindernisse: Kultur und Recht

Über die spezifische Bewertung der einzelnen Organisationsmodelle hinaus identifizierten die Experten mit bemerkenswerter Einmütigkeit zwei fundamentale, systemische Implementierungshindernisse, die der erfolgreichen Einführung jeder Form von partnerschaftlicher und integrierter Projektabwicklung im deutschen Bauwesen im Wege stehen. Diese strukturellen Barrieren transzendieren die Grenzen einzelner Modelle und stellen die eigentlichen Herausforderungen für eine erfolgreiche Transformation der Branche dar, was mit wissenschaftlichen Erkenntnissen zu Veränderungsbarrieren in traditionellen Industrien korrespondiert [6; 26]. Die systematische Analyse dieser Hindernisse offenbart die Komplexität der Implementierungsherausforderungen und verdeutlicht, dass technische oder methodische Innovationen allein nicht ausreichen, um die tief verwurzelten strukturellen Probleme der deutschen Baulandschaft zu überwinden.

Das erste und von allen Expertengruppen als das schwerwiegendste angesehene Hindernis ist die tief in der Branche verwurzelte, adversariale Kultur, die sich über Jahrzehnte als dominantes Beziehungsmuster zwischen den Projektbeteiligten etabliert hat. Diese Kultur manifestiert sich in einem systematischen Misstrauen zwischen den Akteuren, das einen Experten zu der prägnanten Feststellung veranlasste, die größte Herausforderung bestehe in der Überwindung des „jahrzehntelang eingeübten Misstrauens“ [1, Z. 164–165]. Die wissenschaftliche Literatur zu Vertrauenskultur und Beziehungsqualität in Projektorganisationen bestätigt diese als Schlüsselvoraussetzungen für erfolgreiche Kollaboration [9; 27]. Die Experten betonen einhellig, dass selbst die ausgeklügeltsten vertraglichen Modelle und die modernsten digitalen Werkzeuge zum Scheitern verurteilt sind, wenn die grundlegende Bereitschaft der Projektakteure fehlt, transparent zu kommunizieren, Wissen offen zu teilen und Konflikte konstruktiv sowie lösungsorientiert auszutragen, anstatt primär die eigene rechtliche Absicherung und Haftungsbegrenzung zu verfolgen [2, Z. 40–42]. Diese Kultur des Silodenkens und des strategischen Claim-Managements wird von den Praktikern als die eigentliche Herkulesaufgabe beschrieben, deren Transformation nicht durch regulatorische oder vertragliche Änderungen bewirkt werden kann, sondern einen generationalen Wandel der Branchenkultur erfordert [19; 56]. Die wissenschaftliche Literatur zu Transformationsprozessen in der Bauindustrie und zu innovativen Projektabwicklungsmodellen unterstreicht, dass kulturelle Barrieren oft schwerwiegender sind als technische oder organisatorische Hindernisse [6; 48].

Das zweite, insbesondere von Vertretern öffentlicher Auftraggeber mit besonderer Vehemenz betonte strukturelle Hindernis ist das deutsche Vergaberecht, das von den Experten als starres regulatorisches Korsett charakterisiert wird, welches viele integrative und kollaborative Ansätze systematisch konterkariert oder gänzlich unmöglich macht [3, Z. 140–145; 5, Z. 35–40]. Die kritische Bedeutung des Vergaberechts als Implementierungsbarriere wird in der wissenschaftlichen Literatur zu deutschen Projektabwicklungsmodellen und IPD/IPA-Implementierung ausführlich diskutiert [13; 18]. Insbesondere die für eine echte, wertschöpfende Kollaboration essenzielle frühzeitige und verbindliche Einbindung von Ausführungsexpertise bereits in den frühen Planungsphasen scheitert systematisch an den fundamentalen Prinzipien des deutschen Vergaberechts, namentlich dem

Gebot des uneingeschränkten Preiswettbewerbs und dem Verbot unzulässiger Wissensvorteile für einzelne Bieter [3, Z. 55–60]. Die strukturelle Notwendigkeit, Planungs- und Bauleistungen getrennt und primär nach dem Kriterium des niedrigsten Preises zu vergeben, fördert systematisch die beklagte Fragmentierung und verhindert die Bildung leistungsfähiger, qualitätsorientierter und langfristig orientierter Projektteams von Projektbeginn an [26; 15]. Diese rechtlichen Restriktionen werden durch wissenschaftliche Analysen zu Vergabesystemen und integrierten Projektabwicklungsmodellen bestätigt [18; 13]. Die befragten Experten aus öffentlichen Verwaltungen artikulieren übereinstimmend die Einschätzung, dass ohne eine grundlegende Reform des deutschen Vergaberechts, die flexiblere, dialogorientierte und qualitätsfokussierte Vergabeverfahren für komplexe Bauvorhaben ermöglicht, die dokumentierten Potenziale moderner, integrierter Managementmodelle für den quantitativ bedeutsamen öffentlichen Sektor weitgehend ungenutzt bleiben werden [13; 18].

Die systematische Validierung durch die Experteninterviews demonstriert somit eindringlich, dass eine erfolgreiche Modernisierung der Projektabwicklung in Deutschland weit mehr erfordert als die Entwicklung innovativer Organisationsmodelle oder die Einführung fortschrittlicher Managementmethoden. Vielmehr bedarf es eines grundlegenden, koordinierten Wandels der kulturellen Normen und der rechtlichen Rahmenbedingungen der Branche, was durch die einschlägige wissenschaftliche Forschung zur Implementierung integrierter Projektabwicklungsmodelle in verschiedenen nationalen Kontexten unterstützt wird [6; 13]. Diese Erkenntnis unterstreicht die Komplexität von Transformationsprozessen in traditionellen, stark regulierten Industrien und verdeutlicht die Notwendigkeit eines systemischen, multi-dimensionalen Ansatzes zur Branchenmodernisierung, der technische Innovationen, organisatorische Reformen, rechtliche Anpassungen und kulturelle Veränderungen strategisch miteinander verknüpft.

Literatur

1. AMIES, P.; JIN, X.; SENARATNE, S. Success in construction management of dams: An empirical study, International Journal of Construction Management, Band 25, Heft 10, 2025.
2. AREFAZAR, Y.; NAZARI, A.; HAFEZI, M. R.; MAGHOOL, S. A. H. Prioritizing agile project management strategies in construction projects, International Journal of Construction Management, Band 22, Heft 4, 2022.
3. ARUN, M.; BARIK, D.; CHANDRAN, S. S.; PRAVEENKUMAR, S.; TUDU, K. Economic, policy, social, and regulatory aspects of AI-driven smart buildings, Journal of Building Engineering, Band 99, 2025.
4. BAYHAN, H. G.; DEMIRKESEN, S.; ZHANG, C.; TEZEL, A. A lean construction and BIM interaction model for the construction industry, Production Planning & Control, Band 34, Heft 15, 2023.
5. BECKER, S. C.; ROMAN-MÜLLER, H. Integrierte Projektabwicklung (IPA), Wiesbaden: Springer Fachmedien, 2022.
6. GLASS, J.; BYGBALLE, L. E.; HALL, D. Transforming construction: the multi-scale challenges of changing and innovating in construction, Construction Management and Economics, Band 40, Hefte 11–12, 2022.

7. AHMED, S. I.; MAHMUD, A.; AKOH, S.; TARIQ, U. Exploring IPD as an antidote to fragmentation within the UK construction sector, In: 40th Annual ARCOM Conference: Looking Back to Move Forward, 2024.
8. LENNARTZ, K. M. Agile Methoden in der Bauplanung: Optimierung der Zusammenarbeit in komplexen Bauprojekten, Dissertation, RWTH Aachen, 2023.
9. LÜHR, G. J.; BOSCH-REKVELDT, M. G.; RADUJKOVIC, M. Key stakeholders' perspectives on partnering culture in construction projects, Frontiers of Engineering Management, Band 9, Heft 2, 2022.
10. DEEP, S.; GAJENDRAN, T.; JEFFERIES, M. A systematic review of enablers of collaboration in construction projects, International Journal of Construction Management, Band 21, Heft 9, 2021.
11. SCHNEIDER, W.; VOLKMANN, W. Prozessorientiertes Bauprojektmanagement, Springer Berlin Heidelberg, 2017.
12. KOCHENDÖRFER, B.; LIEBCHEN, J. H.; VIERING, M. G. Leistungsbilder Projektmanagement/-steuerung, In: Bau-Projekt-Management, Wiesbaden: Springer Fachmedien, 2021.
13. BUDAU, M. R. D. Integrierte Projektabwicklung mit Mehrparteienverträgen, KIT Scientific Publishing, 2024.
14. JADIDOLESLAMI, S.; SAGHATFOROUSH, E.; HERAVI, A.; PREECE, C. A practical framework to facilitate constructability using IPD: case study, International Journal of Construction Management, Band 22, Heft 7, 2022.
15. RODRIGUES, M. R.; LINDHARD, S. M. Benefits and challenges to applying IPD: experiences from a Norwegian mega-project, Construction Innovation, Band 23, Heft 2, 2023.
16. FIEDLER, M. Lean Construction – Das Managementhandbuch, Springer, Berlin/Heidelberg, 2018.
17. IBRAHIM, A.; ZAYED, T.; LAFHAJ, Z. Trends and gaps in lean construction practices for megaprojects: A critical review, Alexandria Engineering Journal, Band 118, 2025.
18. WAPELHORST, V. Konstruktion eines Entscheidungsmodells für die Vergabe von Projektmanagementleistungen bei öffentlichen Aufträgen, Dissertation, Technische Universität Dortmund, 2023.
19. ORAEE, M.; HOSSEINI, M. R.; EDWARDS, D.; PAPADONIKOLAKI, E. Collaboration in BIM-based construction networks: a qualitative model of influential factors, Engineering, Construction and Architectural Management, Band 29, Heft 3, 2022.
20. ZHILYAEV, D.; BINNEKAMP, R.; WOLFERT, A. R. Best fit for common purpose: A multistakeholder design optimization methodology for construction management, Buildings, Band 12, Heft 5, 2022, Art. 527.
21. PAN, Y.; ZHANG, L. Integrating BIM and AI for smart construction management: Current status and future directions, Archives of Computational Methods in Engineering, Band 30, Heft 2, 2023.
22. SCHIMANSKI, C. P.; MONIZZA, G. P.; MATT, D. The role of common data environments as enabler for reliable digital lean construction management, In: IGLC 2021 – 29th Annual Conference of the International Group for Lean Construction, 2021.
23. SPANG, K.; EHRBAR, H.; EL-BAZ, A. Partnerschaftliche Zusammenarbeit, In: Projektmanagement von Verkehrsinfrastrukturprojekten, Berlin, Heidelberg: Springer Berlin Heidelberg, 2022, S. 829–866.
24. VOGEL, F. R. Projektsteuerung öffentlicher Hochbauprojekte, Dissertation, Universität Kassel, 2009.
25. KARASU, T.; AALTONEN, K.; HAAPASALO, H. The interplay of IPD and BIM: A systematic literature review, Construction Innovation, Band 23, Heft 3, 2023.

26. ZADEH, P. A.; THIBAULT, J. M.; STAUB-FRENCH, S.; BHONDE, D. Understanding the Disruptiveness of Integrated Project Delivery (IPD) in the AEC Industry, Buildings, Band 15, Heft 13, 2025, Art. 2338.
27. GUO, W.; LU, W.; GAO, X.; CAI, F. How interpersonal ties affect interorganizational trust in construction projects, Construction Management and Economics, Band 39, Heft 11, 2021.
28. MORADI, S.; SORMUNEN, P. Integrating lean construction with BIM and sustainability: a comparative study of challenges, enablers, techniques, and benefits, Construction Innovation, Band 24, Heft 7, 2024.
29. AL BALKHY, W.; SWEIS, R.; LAFHAJ, Z. Barriers to adopting lean construction – The case of Jordan, Buildings, Band 11, Heft 6, 2021.
30. ZILCH, K.; DIEDERICHS, C. J.; KATZENBACH, R.; BECKMANN, K. J. Bauwirtschaft und Baubetrieb, In: Bauwirtschaft und Baubetrieb, Springer Berlin Heidelberg, 2014, S. 379–965.
31. LECHNER, H. Collaborative Methoden + Werkzeuge der Projektorganisation, In: Agile Digitalisierung im Baubetrieb, Wiesbaden: Springer, 2022.
32. LALMI, A.; FERNANDES, G.; SOUAD, S. B. A conceptual hybrid project management model for construction projects, Procedia Computer Science, Band 181, 2021.
33. GARCÉS, G.; FORCAEL, E.; OSORIO, C.; CASTAÑEDA, K.; SÁNCHEZ, O. Systematic review of Lean Construction: sustainability and efficiency in construction management, Journal of Infrastructure Preservation and Resilience, Band 6, Heft 1, 2025.
34. SHA, K. Incentive strategies for construction project manager: A common agency perspective, Construction Management and Economics, Band 37, Heft 8, 2019, S. 461–471.
35. LAPPALAINEN, E. M.; SEPPÄNEN, O.; PELTOKORPI, A.; SINGH, V. Transformation of construction project management toward situational awareness, Engineering, Construction and Architectural Management, Band 28, Heft 8, 2021.
36. SHAQOUR, E. N. The impact of adopting lean construction in Egypt: Level of knowledge, application, and benefits, Ain Shams Engineering Journal, Band 13, Heft 2, 2022, Art. 101551.
37. LIDELÖW, S.; ENGSTRÖM, S.; SAMUELSON, O. The promise of BIM? Searching for realized benefits in Nordic AEC industries, Journal of Building Engineering, Band 76, 2023.
38. WANG, T.; CHEN, H. M. Integration of building information modeling and project management in construction project life cycle, Automation in Construction, Band 150, 2023, Art. 104832.
39. PARSAMEHR, M.; PERERA, U. S.; DODANWALA, T. C.; PERERA, P.; RUPARATHNA, R. A review of construction management challenges and BIM-based solutions: perspectives from schedule, cost, quality, and safety management, Asian Journal of Civil Engineering, Band 24, Heft 1, 2023.
40. REGONA, M.; YIGITCANLAR, T.; XIA, B.; LI, R. Y. M. Opportunities and adoption challenges of AI in the construction industry: A PRISMA review, Journal of Open Innovation: Technology, Market, and Complexity, Band 8, Heft 1, 2022.
41. MANU, B. A. Leveraging Artificial Intelligence for optimized project management and risk mitigation in construction industry, World Journal of Advanced Research and Reviews, Band 24, Heft 3, 2024.
42. ALI, K. N.; ALHAJLAH, H. H.; KASSEM, M. A. Collaboration and risk in BIM: a systematic literature review, Buildings, Band 12, Heft 5, 2022.
43. SCHÖNBACH, R.; AßMUS, E.; KLEMT-ALBERT, K.; BERGMANN, M. Entwicklung des Masterplan BIM für Bundesbauten, Bauingenieur, Band 96, Heft 5, 2021.
44. NIKMEHR, B.; HOSSEINI, M. R.; MARTEK, I.; ZAVADSKAS, E. K.; ANTUCHEVICIENE, J. Digitalization as a strategic means of achieving sustainable efficiencies in construction management: A critical review, Sustainability, Band 13, Heft 9, 2021.
45. TJEBANE, M. M.; MUSONDA, I.; OKORO, C.; ONOSOSEN, A. Artificial Intelligence (AI) in sustainable construction management: A scientometric review, In: Construction in 5D: Proceedings of the 15th Built Environment Conference, Cham: Springer, 2022, S. 137–150.

46. WU, C.; DING, W.; JIN, Q.; JIANG, J.; JIANG, R.; XIAO, Q.; LI, X. Retrieval augmented generation-driven information retrieval and question answering in construction management, Advanced Engineering Informatics, Band 65, 2025, Art. 103158.
47. ZHONG, Y.; GOODFELLOW, S. D. Domain-specific language models pre-trained on construction management systems corpora, Automation in Construction, Band 160, 2024, Art. 105316.
48. GIRMSCHEID, G. Neue Projektabwicklungsformen im Hochbau und Infrastrukturbereich – Investitionskostenorientierung, In: Projektabwicklung in der Bauwirtschaft – prozessorientiert, Berlin/Heidelberg: Springer, 2016.
49. SPANG, K.; RIEMANN, S. Partnering in infrastructure projects in Germany, Procedia – Social and Behavioral Sciences, Band 119, 2014, S. 219–228.
50. LUO, Y.; CHEN, Y. How does contractual governance affect construction project performance? Journal of Asian Architecture and Building Engineering, Band 24, Heft 5, 2025.
51. ELGHAISH, F.; ABRISHAMI, S.; HOSSEINI, M. R.; ABU-SAMRA, S. Revolutionising cost structure for integrated project delivery: A BIM-based solution, Engineering, Construction and Architectural Management, Band 28, Heft 4, 2021.
52. GRANJA, A. D.; MUIANGA, E. A. D.; PICCHI, F. A.; FORMOSO, C. T. Evolutionary model for gradual transition to IPD, Revista Ingeniería de Construcción, Band 38, Heft 1, 2023.
53. LAIBACH, B. Construction Management at Risk in der deutschen Bau- und Immobilienwirtschaft, Zeitschrift für Immobilienökonomie, Band 3, Heft 2, 2017.
54. PORTNER, D. Projektsteuerung als Erfolgskriterium, In: Architekturpraxis Bauökonomie, Wiesbaden: Springer Fachmedien, 2023.
55. LEHTOVAARA, J.; SEPPÄNEN, O.; PELTOKORPI, A. Improving construction management with decentralised production planning, Construction Management and Economics, Band 40, Heft 4, 2022.
56. FEWINGS, P.; HENJEWELE, C. Construction project management: an integrated approach, Routledge, London, 2019.
57. WINDAPO, A.; ADEDIRAN, A.; ROTIMI, J. O. B.; UMEOKAFOR, N. Construction project performance: The role of client knowledge and procurement systems, Journal of Engineering, Design and Technology, Band 20, Heft 5, 2022, S. 1349–1366.

Zusammenfassung und Ausblick 6

6.1 Zusammenfassung der Ergebnisse

Die vorliegende wissenschaftliche Auseinandersetzung mit Construction-Management-Modellen im deutschen Hochbau hat eine Reihe zentraler Erkenntnisse hervorgebracht, die das Spannungsfeld zwischen traditionellen, normativ geprägten Projektabwicklungsstrukturen und den Anforderungen an ein modernes, integratives Management beleuchten [Abb. 6.1]. Eine der fundamentalsten Feststellungen der Arbeit ist, dass die Effektivität und Anwendbarkeit von Construction-Management-Modellen maßgeblich vom jeweiligen Auftraggebertyp und dessen organisationeller sowie rechtlicher Einbettung abhängt [1, 2]. Es wurde ein grundlegendes Dilemma zwischen den Bedürfnissen privater und öffentlicher Auftraggeber herausgearbeitet [3; 4]. Während agile, profitorientierte Projektentwickler nach maximaler Flexibilität, schneller Entscheidungsfindung und einer weitgehenden Delegation von Verantwortung streben, um ihre termin- und kostenbezogenen Projektziele abzusichern, operieren öffentliche Auftraggeber in einem rigiden Korsett aus haushalts- und vergaberechtlichen Vorschriften [3; 4]. Dieses rechtliche Rahmenwerk, ergänzt durch interne Kontrollmechanismen und eine ausgeprägte Risikoaversion, schränkt die Möglichkeiten zur Übertragung von entscheidenden Managementfunktionen und finanziellen Risiken erheblich ein [5; 3], wodurch sich eine erhebliche Diskrepanz in der Anforderung an das ideale Projektabwicklungsmodell ergibt [6; 7].

Darüber hinaus konnte die Untersuchung die modulare Struktur von Construction-Management-Leistungen als ein Kernelement für die Anpassungsfähigkeit dieser Modelle an unterschiedliche Rahmenbedingungen identifizieren [8; 9]. Durch die detaillierte Analyse und Entwicklung spezifischer Service-Module, die sich an der etablierten Systematik der AHO-Schriftenreihe orientieren, jedoch über deren rein beratende Funktion hinausgehen, wurde aufgezeigt, wie der Leistungsumfang eines Construction Managers präzise auf die

H. Kizil, *Construction Management im Hochbau*, Entwicklung neuer Ansätze zum nachhaltigen Planen und Bauen, https://doi.org/10.1007/978-3-658-51390-0_6

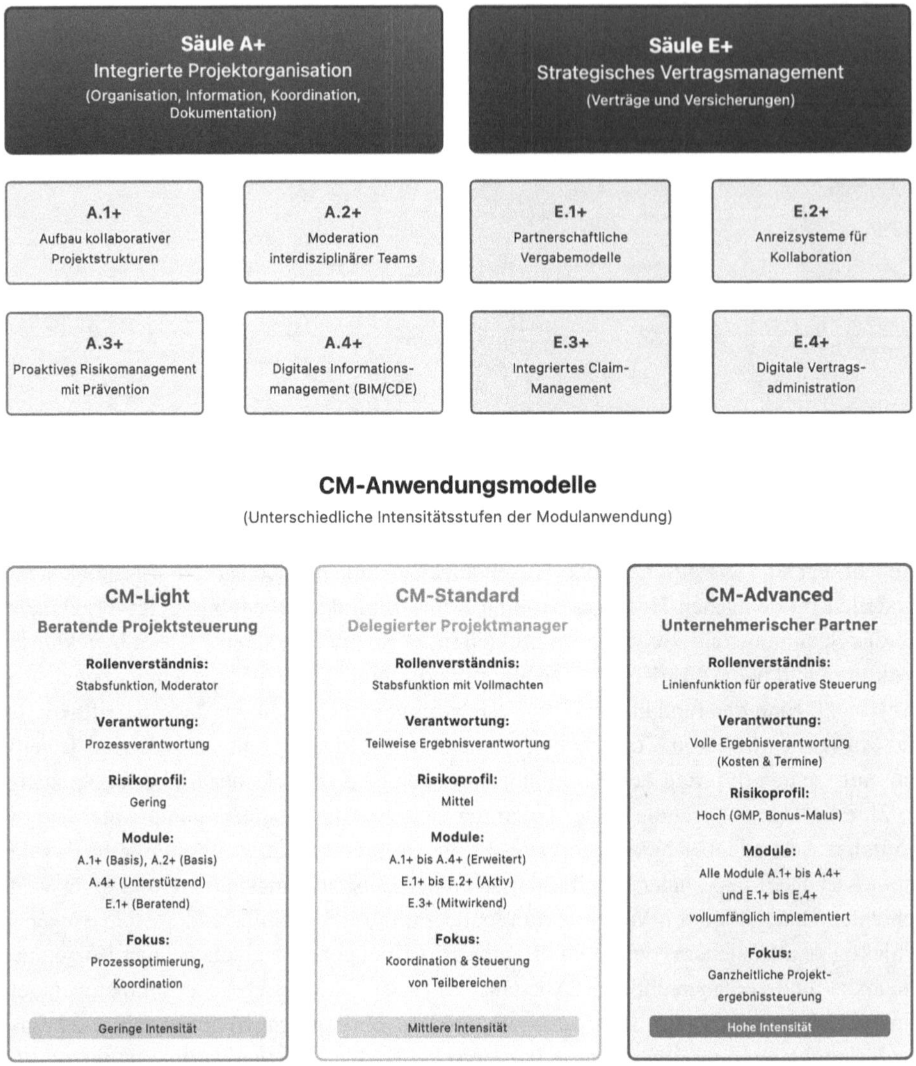

Abb. 6.1 Zusammenfassende Darstellung der Ergebnisse. (Eigene Darstellung)

Bedürfnisse und Restriktionen des jeweiligen Auftraggebers zugeschnitten werden kann [Tab. 6.1 und 6.2]. Diese Modularität erlaubt es, von einem starren „Alles-oder-Nichts"-Ansatz abzurücken und stattdessen eine graduell skalierbare Intensivierung der Managementleistung zu ermöglichen [6; 10]. Die Arbeit demonstriert, dass eine solche modulare Herangehensweise, wie sie auch in Projekthandbüchern zur Anwendung kommt, nicht nur eine theoretische, sondern eine praktisch umsetzbare Lösung darstellt, um die Lücke zwischen der klassischen Projektsteuerung und einem vollumfänglich verantwortlichen Management zu schließen und somit eine differenzierte Antwort auf die heterogene Nachfrage am deutschen Markt zu geben [11; 2].

Tab. 6.1 Zusammenfassende Darstellung der entwickelten A+ Module

Modul	Bezeichnung	Prägnante Definition
Säule A+	Integrierte Projektorganisation	Fundamentale Säule für Organisation, Information, Koordination und Dokumentation: Schaffung der prozessualen und organisatorischen Strukturen für eine ganzheitliche, transparente und kollaborative Projektabwicklung durch interdisziplinäre Teams, digitale Werkzeuge und proaktive Steuerungsmechanismen.
A.1+	Aufbau kollaborativer Projektstrukturen	Etablierung interdisziplinärer Kernteams und physischer/virtueller Kollaborationsräume (Big Room), Implementierung von Projekthandbüchern mit klaren RACI-Strukturen und Schaffung transparenter Kommunikations- und Entscheidungsprozesse nach dem „Best-for-Project"-Prinzip.
A.2+	Moderation interdisziplinärer Teams	Aktive Steuerung und Moderation gewerkeübergreifender Abstimmungsprozesse, Integration von Lean-Methoden (Last Planner System) zur Steigerung der Planungszuverlässigkeit und Förderung einer fehlertoleranten, lösungsorientierten Teamkultur.
A.3+	Proaktives Risikomanagement mit Prävention	Frühzeitige Identifikation und systematische Bewertung von Projektrisiken mittels strukturierter Methoden, Entwicklung präventiver Maßnahmen zur Risikovermeidung und kontinuierliche Überwachung mit transparenter Dokumentation aller Risikomanagement-Aktivitäten.
A.4+	Digitales Informationsmanagement (BIM/CDE)	Aufbau und Betrieb einer zentralen digitalen Informationsplattform (Common Data Environment) als „Single Source of Truth", BIM-basierte Koordination aller Planungsdisziplinen und Sicherstellung eines transparenten, echtzeitfähigen Informationsflusses über alle Projektphasen.

Die Analyse führte zur Ausarbeitung von drei idealtypischen CM-Modellen, deren praktische Bewertung durch die empirische Validierung jedoch überraschende Erkenntnisse zutage förderte [6; 7]. Entgegen den theoretischen Erwartungen kristallisierte sich das CM-Standard-Modell als eindeutiger Favorit sowohl bei privaten institutionellen als auch bei öffentlichen Auftraggebern heraus, da es einen intelligenten Kompromiss zwischen Kontrolle und Delegation verkörpert [12, Z. 157–160, 13, Z. 128–130]. Dieses Modell ermöglicht eine echte, messbare Ergebnisverantwortung in einem klar abgegrenzten Rahmen, ohne dass der Auftraggeber die strategische Kontrolle über sein Projekt oder die finale Budgethoheit verliert [14; 1]. Das CM-Light-Modell hingegen wurde von den befragten Experten deutlich kritischer bewertet als theoretisch antizipiert und als unzureichend innovativ charakterisiert [15, Z. 120, 13, Z. 130–132]. Die Praktiker sahen darin lediglich eine evolutionäre Weiterentwicklung bestehender Strukturen, die keine fundamentalen Veränderungen der etablierten Arbeitsweise bewirkt und deren Mehrwert ge-

Tab. 6.2 Zusammenfassende Darstellung der entwickelten E+ Module

Modul	Bezeichnung	Prägnante Definition
Säule E+	Strategisches Vertragsmanagement	Fundamentale Säule für Verträge und Versicherungen: Transformation der kommerziellen und rechtlichen Rahmenbedingungen von adversarischen zu partnerschaftlichen Strukturen durch innovative Vergabemodelle, Anreizsysteme und digitale Vertragsadministration zur Synchronisierung der Partnerinteressen.
E.1+	Partnerschaftliche Vergabemodelle entwickeln	Entwicklung qualitätsorientierter Auswahlverfahren mit frühzeitiger Einbindung von Schlüsselpartnern, Gestaltung von Vertragsstrukturen, die kollaboratives Verhalten fördern, und Abkehr vom rein preisgetriebenen Wettbewerb zugunsten einer kompetenzbasierten Partnerselektion.
E.2+	Anreizsysteme für Kollaboration etablieren	Implementierung von Bonus-Malus-Regelungen und Shared-Risk/Reward-Mechanismen, die an gemeinsame Projektziele (Termine, Kosten, Qualität) gekoppelt sind, sowie Schaffung finanzieller Anreize zur Förderung partnerschaftlichen Verhaltens und Vermeidung adversarischer Claim-Strategien.
E.3+	Integriertes Claim-Management mit Konfliktprävention	Proaktive Identifikation und Lösung potenzieller Vertragsstreitigkeiten durch transparente Kommunikation, strukturierte Nachtragsbearbeitung auf Basis objektiver Daten (BIM/CDE) und Etablierung von Eskalationsmechanismen zur frühzeitigen Konfliktbeilegung vor Entstehung kostenintensiver Rechtsstreitigkeiten.
E.4+	Digitale Vertragsadministration mit Smart-Contract-Elementen	Einsatz digitaler Technologien (Blockchain, IoT) zur automatisierten, transparenten Vertragsabwicklung, revisionssichere Dokumentation aller vertraglichen Transaktionen und teilautomatisierte Leistungsverifikation sowie Zahlungsfreigabe auf Basis digitaler Nachweise aus BIM-Modellen und Sensordaten.

genüber einer bereits exzellent durchgeführten klassischen Projektsteuerung nach AHO-Standard marginal ausfällt [13, Z. 130–132]. Besonders überraschend war die einhellige Ablehnung des CM-Advanced-Modells durch alle Auftraggebergruppen, einschließlich der privaten institutionellen Investoren, die theoretisch als natürliche Zielgruppe dieses Modells galten [12, Z. 150–153]. Selbst erfahrene private Auftraggeber befürchteten einen unauflösbaren Zielkonflikt, bei dem der Construction Manager vorrangig sein eigenes finanzielles Ergebnis optimiert und nicht mehr treuhänderisch die Interessen des Bauherrn vertritt [12, Z. 150–153].

Diese empirischen Befunde verdeutlichen die Grenzen einer rein theoretischen Modellentwicklung und unterstreichen die Bedeutung kultureller und institutioneller Faktoren, die über die technische Machbarkeit hinausreichen [7; 16]. Die Experteninterviews deckten zwei fundamentale, systemische Implementierungshindernisse auf, die der erfolgreichen Einführung jeder Form von partnerschaftlicher und integrierter Projektabwicklung im deutschen Bauwesen im Wege stehen [12, Z. 164–165]. Das erste und schwerwiegendste Hindernis ist die tief in der Branche verwurzelte, adversariale Kultur, die sich über Jahrzehnte als dominantes Beziehungsmuster etabliert hat und durch ein systematisches Misstrauen zwischen den Akteuren charakterisiert wird [12, Z. 164–165]. Das zweite strukturelle Hindernis manifestiert sich im deutschen Vergaberecht, das als starres regulatorisches Korsett fungiert und viele integrative Ansätze systematisch konterkariert oder gänzlich unmöglich macht [13, Z. 140–145, 17, Z. 35–40]. Solange für diese grundlegenden kulturellen und rechtlichen Barrieren keine umfassenden Lösungen entwickelt werden, bleibt das Potenzial innovativer Managementmodelle für den deutschen Bausektor erheblich begrenzt [7; 5].

6.2 Kritische Reflexion und Limitationen

Eine kritische Würdigung der erzielten Ergebnisse erfordert eine transparente Auseinandersetzung mit den methodischen und inhaltlichen Limitationen der vorliegenden Bachelorarbeit [7; 14]. Der gewählte Forschungsansatz basiert vornehmlich auf einer qualitativen Analyse, die sich aus einer systematischen Literaturrecherche sowie leitfadengestützten Experteninterviews zusammensetzt [18; 19]. Diese Methodik ermöglichte zwar eine tiefgehende und detaillierte Exploration der komplexen Zusammenhänge und die Entwicklung theoriegesättigter Modelle, jedoch ist die Generalisierbarkeit der gewonnenen Erkenntnisse naturgemäß eingeschränkt [18; 7]. Die qualitative Auswertung der Experteninterviews stützt sich auf eine begrenzte Anzahl von Gesprächen, wodurch die Ergebnisse zwar reich an Detailtiefe sind, aber nicht den Anspruch auf statistische Repräsentativität erheben können [18; 7]. Es fehlt eine quantitative Komponente, beispielsweise in Form einer breit angelegten Umfrage oder der Analyse von Projektdaten, die eine breitere empirische Validierung der Thesen und eine höhere Verallgemeinerbarkeit der Schlussfolgerungen ermöglichen würde, wie sie in der Forschung zum Construction Management zunehmend an Bedeutung gewinnt [20; 21]. Die Forschungsergebnisse sind daher als fundierte, aber tendenziell explorative Einsichten in die Praxis des Construction Managements in Deutschland zu verstehen [19; 18].

Des Weiteren unterliegt die Untersuchung einer klaren inhaltlichen Abgrenzung, die bei der Interpretation der Resultate berücksichtigt werden muss [22; 23]. Die Arbeit fokussiert sich explizit auf den Sektor des Hochbaus, dessen Projekte durch eine hohe technische Komplexität, eine Vielzahl von Gewerken und spezifische Nutzeranforderungen gekennzeichnet sind [22; 24]. Die Übertragbarkeit der entwickelten CM-Modelle und der identifizierten Problemfelder auf andere Bausektoren, wie beispielsweise den großvolumigen Infrastrukturbau, bleibt unbeachtet und wäre Gegenstand weiterführender Untersuchungen [23; 25]. Diese Sektoren weisen signifikant andere Projektstrukturen, Risikoprofile und oft auch andere rechtliche Rahmenbedingungen auf, die eine separate Analyse erfordern würden [23; 26] . Ebenso sind die dargestellten Modelle und ihre bewertete Eignung stark von den aktuellen rechtlichen und vergabetechnischen Rahmenbedingungen in der Bundesrepublik Deutschland abhängig [4; 5]. Eine signifikante Reform des Vergaberechts, eine Novellierung der HOAI oder eine veränderte Rechtsprechung zur Haftung bei delegierten Bauherrenaufgaben könnten die hier getroffenen Schlussfolgerungen nachhaltig beeinflussen, was die Bedeutung etablierter Normen und Standards unterstreicht [4; 27]. Die Ergebnisse besitzen somit eine zeitliche und kontextuelle Gültigkeit, die an das derzeitige regulatorische Umfeld des deutschen Bauwesens gebunden ist [9; 28].

6.3 Ausblick und Forschungsbedarf

Aufbauend auf den Ergebnissen und den erkannten Limitationen dieser Arbeit lässt sich ein mehrdimensionaler zukünftiger Forschungsbedarf ableiten, der sowohl die wissenschaftliche als auch die praktische Weiterentwicklung des Construction Managements in Deutschland vorantreiben kann [19; 18]. Ein zentrales und vielversprechendes Forschungsfeld ergibt sich aus der Notwendigkeit, praxistaugliche Hybridmodelle zu entwickeln, die gezielt für die Anforderungen öffentlicher Auftraggeber konzipiert sind [5; 4]. Wie die Untersuchung gezeigt hat, scheitern vollumfängliche CM-Modelle oft an den rechtlichen und haushaltstechnischen Hürden [5; 3]. Zukünftige Forschung sollte sich daher darauf konzentrieren, innovative vertragliche und organisatorische Strukturen zu entwerfen, die die Vorteile integrativer Ansätze nutzbar machen, ohne die fundamentalen Prinzipien der öffentlichen Vergabe und der Budgethoheit zu kompromittieren [6; 25]. Dies könnte beispielsweise durch die Entwicklung standardisierter Klauseln für die Delegation spezifischer Aufgabenpakete oder durch die Erprobung von Modellen geschehen, die den deutschen Marktgegebenheiten angepasst sind [29; 16].

Ein weiterer entscheidender Punkt ist die Notwendigkeit, die in dieser Arbeit vorwiegend qualitativ geführte Diskussion durch robuste quantitative Analysen zu untermauern [20; 18]. Zukünftige Studien könnten sich auf eine breite empirische Erhebung konzentrieren, um die finanzielle und zeitliche Effizienz der verschiedenen CM-Modelle in der Praxis zu bewerten [21; 1]. Durch den Vergleich einer signifikanten Anzahl von Projekten, die mit unterschiedlichen Abwicklungsmodellen realisiert wurden, könnten statistisch belastbare Aussagen über deren Einfluss auf zentrale Erfolgskennzahlen getroffen werden [20; 21]. Eine solche quantitative Analyse, die eine fundierte Wirtschaftlichkeitsbewertung in Abhängigkeit von der Projektabwicklungsform zum Ziel hat, würde nicht nur die hier aufgestellten Thesen validieren, sondern auch eine evidenzbasierte Entscheidungsgrundlage für Auftraggeber schaffen, um das für ihre spezifischen Projektziele am besten geeignete Managementmodell auszuwählen und so die Projekt-Performance gezielt zu verbessern [21; 1].

Darüber hinaus sollte die Rolle der Digitalisierung, insbesondere BIM-Methodik, in der zukünftigen Entwicklung von Construction-Management-Modellen weitaus stärker in den Fokus rücken [30; 31]. Während diese Arbeit die Bedeutung von BIM als operatives

Rückgrat anerkennt, bleibt die Frage offen, wie digitale Werkzeuge konkret zur Lösung der identifizierten Kernprobleme beitragen können [32; 33]. Forschungsbedarf besteht insbesondere darin zu untersuchen, wie digitale Plattformen die Transparenz in Entscheidungsprozessen erhöhen und die Risiken und damit verbundenen Haftungsfragen für alle Beteiligten besser steuerbar machen [34; 28]. Die zukünftigen Richtungen der Integration von BIM, beispielsweise mit künstlicher Intelligenz, könnten neue Wege aufzeigen [31; 35]. Könnten Smart-Contract-Technologien genutzt werden, um Freigabeprozesse revisionssicher zu gestalten, und wie können IoT-BIM-Plattformen bzw. Blockchain-Ansätze dabei unterstützen [36; 37]? Wie kann BIM, wie es im Masterplan für Bundesbauten vorgesehen ist, eine objektive Grundlage für das Nachtragsmanagement schaffen und so Konflikte reduzieren [28; 33]? Die Untersuchung dieser technologischen Potenziale zur Überwindung kultureller und rechtlicher Barrieren stellt ein äußerst relevantes Forschungsfeld dar [31; 30].

Schließlich wäre eine systematische Untersuchung der Anwendung von CM-Modellen im internationalen Vergleich von großem Wert für die deutsche Baupraxis [7; 17]. Während Ansätze wie die IPA im skandinavischen oder angloamerikanischen Raum bereits etabliert sind, befindet sich ihre Anwendung in Deutschland noch in einem frühen Stadium [38; 29]. Eine vergleichende Analyse, die nicht nur die Erfolgsfaktoren, sondern auch die spezifischen rechtlichen und kulturellen Adaptionen untersucht, die in anderen Ländern für die Implementierung notwendig waren, könnte wertvolle Impulse liefern [16; 39]. Durch die Identifikation von Best Practices aus anderen Rechts- und Marktsystemen könnten übertragbare Lösungsansätze für die typischen deutschen Implementierungshürden abgeleitet werden [39; 10]. Ein solcher Blick über die nationalen Grenzen hinweg, wie er bereits für Deutschland und Österreich begonnen wurde, könnte dazu beitragen, die deutsche Diskussion um moderne Projektabwicklungsmodelle zu bereichern und die Entwicklung praxistauglicher, innovativer Ansätze zu beschleunigen [29; 16].

Literatur

1. WINDAPO, A.; ADEDIRAN, A.; ROTIMI, J. O. B.; UMEOKAFOR, N. Construction project performance: The role of client knowledge and procurement systems, Journal of Engineering, Design and Technology, Band 20, Heft 5, 2022, S. 1349–1366.
2. PORTNER, D. Projektsteuerung als Erfolgskriterium, In: Architekturpraxis Bauökonomie, Wiesbaden: Springer Fachmedien, 2023.
3. VOGEL, F. R. Projektsteuerung öffentlicher Hochbauprojekte, Dissertation, Universität Kassel, 2009.
4. WAPELHORST, V. Konstruktion eines Entscheidungsmodells für die Vergabe von Projektmanagementleistungen bei öffentlichen Aufträgen, Dissertation, Technische Universität Dortmund, 2023.
5. BUDAU, M. R. D. Integrierte Projektabwicklung mit Mehrparteienverträgen, KIT Scientific Publishing, 2024.
6. LALMI, A.; FERNANDES, G.; SOUAD, S. B. A conceptual hybrid project management model for construction projects, Procedia Computer Science, Band 181, 2021.

7. GLASS, J.; BYGBALLE, L. E.; HALL, D. Transforming construction: the multi-scale challenges of changing and innovating in construction, Construction Management and Economics, Band 40, Hefte 11–12, 2022.
8. KOCHENDÖRFER, B.; LIEBCHEN, J. H.; VIERING, M. G. Leistungsbilder Projektmanagement/-steuerung, In: Bau-Projekt-Management, Wiesbaden: Springer Fachmedien, 2021.
9. SCHNEIDER, W.; VOLKMANN, W. Prozessorientiertes Bauprojektmanagement, Springer Berlin Heidelberg, 2017.
10. GRANJA, A. D.; MUIANGA, E. A. D.; PICCHI, F. A.; FORMOSO, C. T. Evolutionary model for gradual transition to IPD, Revista Ingeniería de Construcción, Band 38, Heft 1, 2023.
11. BRZEZINSKI, R. Projekthandbücher in der praktischen Anwendung, In: AHO-konformes Projekthandbuch, Wiesbaden: Springer Fachmedien, 2023.
12. AMIES, P.; JIN, X.; SENARATNE, S. Success in construction management of dams: An empirical study, International Journal of Construction Management, Band 25, Heft 10, 2025.
13. ARUN, M.; BARIK, D.; CHANDRAN, S. S.; PRAVEENKUMAR, S.; TUDU, K. Economic, policy, social, and regulatory aspects of AI-driven smart buildings, Journal of Building Engineering, Band 99, 2025.
14. FEWINGS, P.; HENJEWELE, C. Construction project management: an integrated approach, Routledge, London, 2019.
15. AREFAZAR, Y.; NAZARI, A.; HAFEZI, M. R.; MAGHOOL, S. A. H. Prioritizing agile project management strategies in construction projects, International Journal of Construction Management, Band 22, Heft 4, 2022.
16. ZADEH, P. A.; THIBAULT, J. M.; STAUB-FRENCH, S.; BHONDE, D. Understanding the Disruptiveness of Integrated Project Delivery (IPD) in the AEC Industry, Buildings, Band 15, Heft 13, 2025, Art. 2338.
17. BECKER, S. C.; ROMAN-MÜLLER, H. Integrierte Projektabwicklung (IPA), Wiesbaden: Springer Fachmedien, 2022.
18. ZHU, S.; LI, D.; ZHU, J.; FENG, H. Towards a data-rich era: A bibliometric analysis of construction management (2000–2020), Buildings, Band 12, Heft 12, 2022, Art. 2242.
19. EL-ADAWAY, I. H.; ALI, G. G.; EISSA, R.; ABDUL NABI, M.; AHMED, M. O.; ELBASHBISHY, T.; KHALEF, R. Construction Management and Economics 40th anniversary: knowledge structure and trends, Construction Management and Economics, Band 41, Heft 4, 2023.
20. ZENG, N.; LIU, Y.; GONG, P.; HERTOGH, M.; KÖNIG, M. Do right PLS and do PLS right: A critical review of PLS-SEM in construction management research, Frontiers of Engineering Management, Band 8, Heft 3, 2021, S. 356–369.
21. SCHMIDT, B.; AUCH, N.; GEPPERT, F. Konzeption der Wirtschaftlichkeitsbewertung von komplexen Bauprojekten in Abhängigkeit von der Projektabwicklungsform, Universität Duisburg-Essen, 2023.
22. SOMMER, H. Projektmanagement im Hochbau. Berlin, Heidelberg: Springer Berlin Heidelberg, 2016.
23. KOSTKA, G.; ANZINGER, N. Large infrastructure projects in Germany: A cross-sectoral analysis, In: Large Infrastructure Projects in Germany, Cham: Springer, 2016.
24. ZILCH, K.; DIEDERICHS, C. J.; KATZENBACH, R.; BECKMANN, K. J. Bauwirtschaft und Baubetrieb, In: Bauwirtschaft und Baubetrieb, Springer Berlin Heidelberg, 2014, S. 379–965.
25. SPANG, K.; RIEMANN, S. Partnering in infrastructure projects in Germany, Procedia – Social and Behavioral Sciences, Band 119, 2014, S. 219–228.
26. ROUBAL, E. Lean Management als Teil zukünftiger Bauprojektabwicklungsmodelle: Spezielle Betrachtungen zur Reduktion der Gesamtprojektdauer im Einklang mit dem österreichischen Bundesvergabegesetz, Dissertation, Wien, 2022.

27. EL-ABOODI, S. Normen und Standards, In: Effektives Bau-Projektmanagement, Wiesbaden: Springer Fachmedien, 2024.
28. SCHÖNBACH, R.; AßMUS, E.; KLEMT-ALBERT, K.; BERGMANN, M. Entwicklung des Masterplan BIM für Bundesbauten, Bauingenieur, Band 96, Heft 5, 2021.
29. SPIEGL, M.; SANDER, P.; BECKER, S. C. Comparison and assessment of Integrated Project Delivery Models (IPD) in Germany and Alliance Models in Austria: Vergleich und erste Bilanz Integrierter Projektabwicklungsmodelle (IPA) in Deutschland und Allianzmodelle in Österreich, 2024.
30. WANG, T.; CHEN, H. M. Integration of building information modeling and project management in construction project life cycle, Automation in Construction, Band 150, 2023, Art. 104832.
31. PAN, Y.; ZHANG, L. Integrating BIM and AI for smart construction management: Current status and future directions, Archives of Computational Methods in Engineering, Band 30, Heft 2, 2023.
32. PARSAMEHR, M.; PERERA, U. S.; DODANWALA, T. C.; PERERA, P.; RUPARATHNA, R. A review of construction management challenges and BIM-based solutions: perspectives from schedule, cost, quality, and safety management, Asian Journal of Civil Engineering, Band 24, Heft 1, 2023.
33. SCHIMANSKI, C. P.; MONIZZA, G. P.; MATT, D. The role of common data environments as enabler for reliable digital lean construction management, In: IGLC 2021 – 29th Annual Conference of the International Group for Lean Construction, 2021.
34. ALI, K. N.; ALHAJLAH, H. H.; KASSEM, M. A. Collaboration and risk in BIM: a systematic literature review, Buildings, Band 12, Heft 5, 2022.
35. WU, C.; DING, W.; JIN, Q.; JIANG, J.; JIANG, R.; XIAO, Q.; LI, X. Retrieval augmented generation-driven information retrieval and question answering in construction management, Advanced Engineering Informatics, Band 65, 2025, Art. 103158.
36. LI, X.; LU, W.; XUE, F.; WU, L.; ZHAO, R.; LOU, J.; XU, J. Blockchain-enabled IoT–BIM platform for supply chain management in modular construction, Journal of Construction Engineering and Management, Band 148, Heft 2, 2022.
37. MAHMUDNIA, D.; ARASHPOUR, M.; YANG, R. Blockchain in construction management: Applications, advantages and limitations, Automation in Construction, Band 140, 2022.
38. RODRIGUES, M. R.; LINDHARD, S. M. Benefits and challenges to applying IPD: experiences from a Norwegian mega-project, Construction Innovation, Band 23, Heft 2, 2023.
39. AHMED, S. I.; MAHMUD, A.; AKOH, S.; TARIQ, U. Exploring IPD as an antidote to fragmentation within the UK construction sector, In: 40th Annual ARCOM Conference: Looking Back to Move Forward, 2024.

A. Anhang

A.1 Abkürzungsverzeichnis

AHO	Ausschuss der Verbände und Kammern der Ingenieure und Architekten für die Honorarordnung e. V.
BCT	Blockchain-Technologie
BGB	Bürgerliches Gesetzbuch
BIM	Building Information Modeling
CDE	Common Data Environment
CM	Construction Management/Construction Manager
DIN	Deutsches Institut für Normung
DL	Deep Learning
EU	Europäische Union
EuGH	Europäischer Gerichtshof
GMP	Guaranteed Maximum Price/Garantierter Maximalpreis
GU	Generalunternehmer
HOAI	Honorarordnung für Architekten und Ingenieure
IoT	Internet of Things
IPA	Integrierte Projektabwicklung
IPD	Integrated Project Delivery
ISO	International Organization for Standardization
KI	Künstliche Intelligenz
KMU	Kleine und mittlere Unternehmen
LPH	Leistungsphase
LPS	Last Planner System
ML	Machine Learning/Maschinelles Lernen
PPC	Percent Plan Complete
TGA	Technische Gebäudeausrüstung
TLS	Terrestrisches Laserscanning
TU	Totalunternehmer
VDI	Verein Deutscher Ingenieure
VOB	Vergabe- und Vertragsordnung für Bauleistungen

H. Kizil, *Construction Management im Hochbau*, Entwicklung neuer Ansätze zum nachhaltigen Planen und Bauen, https://doi.org/10.1007/978-3-658-51390-0

A.2 Interviewleitfaden

Ziel des Interviews: Detaillierte Validierung der Praxistauglichkeit, Akzeptanz und Anwendungsbereiche der entwickelten CM-Leistungsmodule und Organisationsmodelle.

Interviewpartner: Branchenexperten (erfahrene Projektmanager, Projektsteuerer, Bauherrenvertreter, Führungskräfte aus Bauunternehmen).

Dauer: ca. 15 min.

1. Einleitung & Kontext (ca. 1 min)
   1. **Begrüßung und Vorstellung:** „Guten Tag Herr/Frau [Name des Experten], vielen Dank, dass Sie sich die Zeit nehmen. Mein Name ist Hüseyin Kizil und ich führe dieses Interview im Rahmen meiner Bachelorarbeit zum Thema ‚Construction Management im Hochbau'."
   2. **Thema und Ziel:** „Ich habe ein CM-Modell entwickelt, das die Lücke zwischen klassischer Projektsteuerung nach AHO und den Anforderungen moderner, komplexer Bauprojekte schließt. Ziel ist, meine zentralen Leistungsmodule und Organisationsmodelle mit Ihrer Praxiserfahrung abzugleichen."
   3. **Rahmenbedingungen:** „Das Interview wird etwa 15 min dauern. Die Auswertung erfolgt anonymisiert. Sind Sie mit einer Aufzeichnung für meine persönliche Auswertung einverstanden?"
2. Status Quo und Problembewusstsein (ca. 2 min)
   1. **Frage 1:** „Aus Ihrer Projekterfahrung, worin bestehen die hartnäckigsten Probleme bei der traditionellen Projektabwicklung, die durch die Trennung von Planung, Steuerung und Ausführung entstehen?"
   2. **Frage 2:** „Meine Arbeit basiert auf der Annahme, dass die etablierten Strukturen nach HOAI und AHO die Potenziale moderner, kollaborativer Methoden (wie Lean, agiles Management) strukturell hemmen. Teilen Sie diese Einschätzung?"
3. Validierung der zentralen Leistungsmodule A+ und E+ (ca. 7 min)
   „Ich möchte nun die von mir entwickelten Kernmodule meines CM-Leistungsbildes vorstellen und Sie um Ihre Einschätzung zur Praxistauglichkeit bitten."
   1. **Frage 3 (Modul A.1+ „Kollaborative Strukturen"):** „Ein Kernpunkt ist die Etablierung eines interdisziplinären Kernteams in einer Projektstube ('Big Room'), um Silos aufzubrechen. Halten Sie die frühzeitige, verbindliche Integration von Ausführungsexpertise für den entscheidenden Hebel, um die Planungsqualität zu verbessern?"
      1. *Nachfrage:* „Welche kulturellen oder organisatorischen Hürden sehen Sie hier in der Praxis?"

2. **Frage 4 (Modul A.2+ „Moderation interdisziplinärer Teams“):** „Ich beschreibe die Rolle des CM weniger als Kontrolleur, sondern mehr als ‚Facilitator‘ oder ‚Servant Leader‘, der agile Workshops moderiert. Ist die Branche bereit für diesen Kulturwandel weg von der reinen Kontrolle hin zu einer dienenden Führungsrolle?“
3. **Frage 5 (Modul A.3+ „Proaktives Risikomanagement“):** „Statt Risiken nur in Listen zu verwalten, schlage ich vor, sie durch stabile Prozesse (Lean) und Simulationen (BIM) präventiv zu vermeiden. Wie bewerten Sie das Potenzial dieses proaktiven Ansatzes gegenüber dem klassischen, oft reaktiven Risikomanagement?“
4. **Frage 6 (Modul A.4+ „Digitales Informationsmanagement“):** „Die Basis meines Modells ist eine ‚Single Source of Truth‘ durch BIM und eine CDE. Was ist aus Ihrer Sicht die größte Hürde für eine konsequente Umsetzung – die Technologie, die Kosten oder die Kompetenz der Mitarbeiter?“
5. **Frage 7 (Modul E+ „Strategisches Vertragsmanagement“):** „Um eine echte Partnerschaft zu fördern, schlage ich vor, klassische Verträge mit Elementen wie Bonus-Malus-Regelungen oder gemeinsamen Risikopools zu ergänzen. Welches dieser partnerschaftlichen Anreizsysteme halten Sie in der deutschen Vertragskultur für am ehesten umsetzbar?“

4. Validierung der CM-Organisationsmodelle (ca. 3 min)
   „Basierend auf den Modulen habe ich drei abgestufte CM-Modelle entwickelt. Ich würde gerne Ihre Meinung hören, welches Modell für welchen Anwendungsfall geeignet ist.“
   1. Frage 8 (Abgestufte Modelle):
      1. „**CM Light:** Rein beratend, ähnlich einer optimierten Projektsteuerung, jedoch mit modernen Methoden wie Lean und agiler Moderation.
      2. **CM Standard:** Übernimmt delegierbare Bauherrenaufgaben mit klar definierter Entscheidungsbefugnis (z. B. Freigabe von Nachträgen bis zu einem gewissen Betrag).
      3. **CM Advanced:** Übernimmt volle Ergebnisverantwortung für Teilbereiche (z. B. Kosten/Termine) mit finanzieller Beteiligung an Erfolg oder Misserfolg, ähnlich einem CM-at-Risk.
      4. Welches dieser Modelle sehen Sie für a) einen risikoaversen, öffentlichen Auftraggeber und b) einen agilen, privaten Projektentwickler als am passendsten an?“
      5. *Nachfrage:* „Welches Modell hat Ihrer Meinung nach das größte Potenzial, sich mittelfristig am deutschen Markt durchzusetzen?“
5. Implementierung und Abschluss (ca. 2 min)
   1. **Frage 9 (Implementierung):** „Für die Einführung schlage ich einen phasenweisen Ansatz über Pilotprojekte vor, um Akzeptanz zu schaffen und organisatorisches Lernen zu ermöglichen. Ist dieser Weg aus Ihrer Sicht realistisch für die eher konservative Baubranche?“
   2. **Frage 10 (Gesamteindruck):** „Wenn Sie auf das gesamte Modell blicken – was ist aus Ihrer Sicht der vielversprechendste Aspekt und was die größte Herausforderung bei der Umsetzung?“

6. Abschluss (ca. 1 min)
   1. **Möglichkeit für Ergänzungen:** „Gibt es einen Aspekt, den Sie für zentral halten und den wir noch nicht besprochen haben?"

Danksagung: „Ich danke Ihnen vielmals für Ihre Zeit und die wertvollen Einblicke. Ihre Expertise ist für meine Arbeit von großem Wert. Ich wünsche Ihnen einen schönen Tag."

A.3 Interview 1

I: Guten Tag Frau Dipl.-Ing. Bauer, ich bedanke mich herzlich, dass Sie sich als erfahrene Bauherrenvertreterin die Zeit für dieses Gespräch nehmen. Mein Name ist Hüseyin Kizil und ich führe dieses Interview im Rahmen meiner Bachelorarbeit zum Thema ‚Construction Management im Hochbau'.

E: Guten Tag, Herr Kizil. Sehr gerne. Der Blick von der akademischen Seite auf unsere Praxis ist immer wertvoll, solange er die Wirtschaftlichkeit nicht aus den Augen verliert.

I: Ein sehr wichtiger Punkt, den ich aufgreifen möchte. Mein Ziel ist es, ein von mir entwickeltes CM-Modell, das die Lücke zwischen der klassischen Projektsteuerung und den Anforderungen moderner, komplexer Projekte schließen soll, einem Praxistest durch Ihre Expertise zu unterziehen. Das Interview wird etwa 15 bis 20 min dauern, und die Auswertung erfolgt selbstverständlich anonymisiert. Sind Sie mit einer Audioaufzeichnung für meine Notizen einverstanden?

E: Ja, das passt.

I: Ausgezeichnet. Aus Ihrer Sicht als Auftraggeber, worin bestehen die hartnäckigsten Probleme bei der traditionellen Projektabwicklung, die durch die Trennung von Planung, Steuerung und Ausführung entstehen?

E: Die Probleme sind vielfältig, aber aus Bauherrensicht kulminieren sie immer in zwei Punkten: Kosten- und Terminüberschreitungen. Die Ursachen sind die klassischen Silos. Wir beauftragen einen Architekten, der einen Entwurf erstellt, der oft mehr auf Ästhetik als auf Baubarkeit und Wirtschaftlichkeit ausgelegt ist. Dann beauftragen wir Fachplaner, die ihre Systeme optimieren, ohne das große Ganze im Blick zu haben. Die Projektsteuerung versucht dann, dieses Orchester zu dirigieren, hat aber oft keine Partitur, in der alle Stimmen zusammenpassen. Am Ende kommt der Generalunternehmer, der all diese Planungsmängel in Form von Bedenkenanmeldungen und Nachträgen auf den Tisch legt. Jeder optimiert seinen kleinen Bereich, aber niemand optimiert das Gesamtprojekt für uns als Investor. Diese sequentielle Kette von Informationsübergaben führt zu einem enormen Verlust an Effizienz und zu Risiken, die am Ende immer wir als Auftraggeber tragen.

I: Das beschreibt das Dilemma sehr gut. Meine Arbeit basiert auf der Annahme, dass die etablierten Strukturen nach HOAI und AHO die Potenziale moderner, kollaborativer Methoden strukturell hemmen. Teilen Sie diese Einschätzung aus Ihrer Perspektive?

E: Ich würde sagen, sie fördern sie zumindest nicht aktiv. Die HOAI mit ihrer phasenweisen Gliederung zementiert dieses sequentielle Denken. Man schließt eine Phase ab und gibt sie an den nächsten weiter. Das System ist nicht darauf ausgelegt, dass der Ausführungsexperte bereits in der Leistungsphase 2 mit am Tisch sitzt. Man kann es zwar vertraglich erzwingen, aber das System an sich gibt es nicht her. Es ist ein System der getrennten Verantwortlichkeiten, und das fördert Misstrauen mehr als Kollaboration. Man versucht, wasserdichte Verträge zu machen, anstatt funktionierende Teams zu bilden. Insofern ja, die etablierten Strukturen sind eher ein Hindernis für echte, integrierte Zusammenarbeit.

I: Das führt mich zu meinem ersten Kernmodul, dem Modul A.1+ „Kollaborative Strukturen". Die zentrale Idee hier ist, diese Silos aufzubrechen, indem man frühzeitig ein interdisziplinäres Kernteam etabliert. Das bedeutet, wir setzen nicht nur Planer zusammen, sondern holen von Tag eins an die wesentliche Ausführungsexpertise, zum Beispiel eines potenziellen Generalunternehmers oder wichtiger Schlüsselgewerke wie der TGA, mit in eine physische oder virtuelle Projektstube, einen ‚Big Room'. Ziel ist es, die Planungsqualität durch die sofortige Überprüfung auf Baubarkeit und Kosteneffizienz massiv zu steigern. Halten Sie diese frühzeitige, verbindliche Integration für den entscheidenden Hebel?

E: Grundsätzlich ist der Hebel absolut richtig identifiziert. Eine Planung, die nicht baubar ist, ist wertlos. Je früher wir die Expertise derer einholen, die es am Ende bauen müssen, desto besser. Die Idee des ‚Big Room' ist charmant. Aber jetzt kommt das große Aber aus der Praxis: Wie wählen wir diese ausführenden Unternehmen so früh aus? Wir haben als Fonds strenge Compliance- und Ausschreibungsregeln. Wir können nicht einfach in Leistungsphase 2 sagen: ‚Firma X, Sie sind unser Partner.' Wir müssen einen Wettbewerb sicherstellen. Wie vergüten wir diese frühe Leistung? Auf Stundenbasis? Das kann extrem teuer werden, ohne Garantie, dass die beste Lösung erarbeitet wird. Und was passiert, wenn wir nach drei Monaten feststellen, dass der Partner doch nicht der richtige ist? Die kulturelle Hürde ist das eine, aber die vertragliche und vergaberechtliche Umsetzung ist für uns als institutioneller Bauherr die weitaus größere Nuss, die es zu knacken gilt.

I: Das leitet perfekt über zu Modul A.2+, der „Moderation interdisziplinärer Teams". Hier geht es darum, die Rolle des Construction Managers neu zu definieren. Weg vom reinen Kontrolleur, der Checklisten abhakt, hin zu einem „Facilitator" oder „Servant Leader". Er soll also nicht primär Befehle erteilen, sondern agile Formate wie Design-Sprints oder wöchentliche Retrospektiven moderieren, um das Team zur Selbstorganisation und zur gemeinsamen Problemlösung zu befähigen. Ist das aus Ihrer Sicht ein realistisches Rollenbild, oder benötigen Sie als Auftraggeber am Ende doch den klassischen „Dompteur", der den Laden im Griff hat?

E: Ich denke, die Wahrheit liegt wie so oft in der Mitte. Wir brauchen beides. Wir brauchen definitiv einen Manager, der fähig ist, einen kreativen Workshop zu moderieren und verschiedene Meinungen zu integrieren. Das ist eine Fähigkeit, die vielen traditionellen Projektsteuerern fehlt. Aber diese Moderationskompetenz allein reicht nicht. Wir bezahlen einen externen Dienstleister sehr teuer dafür, unsere Interessen zu vertreten und unsere Projektziele – Kosten, Termine, Qualität – mit Nachdruck durchzusetzen. Ein ‚Servant Leader', der sich primär als Dienstleister des Projektteams versteht, läuft Gefahr, unsere Ziele aus den Augen zu verlieren. Wenn es einen Konflikt zwischen einer ‚teamfreundlichen' Lösung und unserem Business Case gibt, muss der CM auf unserer Seite stehen. Die Moderation ist ein Werkzeug, aber die Kontrolle und die Vertretung der Bauherreninteressen sind der Kern der Leistung, die wir einkaufen.

I: Mein nächstes Modul ist A.3+, das „Proaktive Risikomanagement". Statt Risiken nur in Listen zu verwalten, was oft reaktiv geschieht, schlage ich einen präventiven Ansatz vor. Konkret bedeutet das, durch Lean-Methoden stabile und störungsfreie Prozesse zu etablieren und durch digitale Simulationen, beispielsweise im 4D-BIM-Modell, Bauablauf- und Logistikrisiken zu erkennen und zu vermeiden, bevor sie entstehen. Wie bewerten Sie das Potenzial dieses proaktiven Ansatzes aus Investorensicht?

E: Das Potenzial zur Risikominimierung ist natürlich hochinteressant für uns, denn jedes vermiedene Risiko schützt unser Investment. Der Ansatz ist absolut richtig. Simulationen im BIM-Modell sind bereits heute ein Standardwerkzeug, um Kollisionen zu finden. Das auf Logistik und Bauablauf auszuweiten, ist der logische nächste Schritt. Der Knackpunkt ist hier die Datenqualität. Eine Simulation ist nur so gut wie die Annahmen, die man hineinsteckt. Hier sehen wir oft noch große Lücken. Der Gedanke, über Lean-Methoden Prozesse zu stabilisieren, ist ebenfalls überzeugend. Wenn wir die Zuverlässigkeit von Zusagen erhöhen und die Abläufe auf der Baustelle glätten können, reduziert das massiv das Risiko von Verzugsschäden. Die Herausforderung ist, den Mehrwert dieses präventiven Mehraufwands in frühen Phasen zu quantifizieren, um ihn intern rechtfertigen zu können. Aber prinzipiell ist das eine Richtung, die wir als Auftraggeber klar unterstützen würden.

I: Die technologische Basis dafür ist mein Modul A.4+, „Digitales Informationsmanagement". Die Grundlage ist eine ‚Single Source of Truth' durch BIM in einer Common Data Environment (CDE). Sie sprachen eben die Datenqualität an. Ist das die größte Hürde für eine konsequente Umsetzung? Oder sehen Sie die Hauptprobleme eher bei der Technologie, den Kosten oder der Kompetenz der Beteiligten?

E: Definitiv nicht die Technologie, die ist weitgehend vorhanden. Die Kosten sind ein Faktor, aber bei Projekten unserer Größenordnung nicht der entscheidende. Die beiden größten Hürden sind aus unserer Sicht erstens die fehlende Standardisierung und zweitens die zersplitterte Vertragswelt. Wir können zwar eine CDE vorschreiben, aber wir können nicht sicherstellen, dass alle Beteiligten – vom Architekten über den TGA-Planer bis zum Fassadenbauer – ihre Daten in einer konsistenten, interoperablen und für uns nutzbaren Weise liefern. Es fehlt ein durchgängiger Standard. Das zweite, noch größere Problem ist, dass in der klassischen Einzelvergabe jeder für seine Daten selbst verantwortlich ist. Es gibt kein übergeordnetes Mandat, eine gemeinsame Datenbasis zu pflegen. Solange die vertragliche Verantwortung nicht geklärt ist, bleibt die ‚Single Source of Truth' eine Illusion. Die Hürde ist also weniger technisch, sondern organisatorisch und vertraglich.

I: Das führt uns zum Vertragsmanagement, Modul E+. Um echte Partnerschaft zu fördern, schlage ich vor, klassische Verträge mit Elementen wie Bonus-Malus-Regelungen, die an gemeinsame Projektziele gekoppelt sind, oder sogar gemeinsamen Risikopools zu ergänzen. Welches dieser partnerschaftlichen Anreizsysteme halten Sie aus Ihrer Bauherrenperspektive für am ehesten umsetzbar und wirksam?

E: Risikopools sind für uns als Fonds quasi undenkbar. Das widerspricht unserem gesamten Risikomanagement-Ansatz. Wir wollen Risiken klar allokieren und versichern, nicht in einen gemeinsamen Topf werfen, dessen Entwicklung unkalkulierbar ist. Bonus-Malus-Regelungen sind da wesentlich interessanter. Ein Bonus für die vorzeitige Fertigstellung oder die Einhaltung eines anspruchsvollen Qualitätsstandards kann sehr wirksam sein. Der Schlüssel ist hier aber die absolute Messbarkeit. Die Ziele müssen so definiert sein, dass es am Ende keinen Interpretationsspielraum gibt. Also nicht ‚hohe architektonische Qualität', sondern ‚Einhaltung der Toleranzen nach DIN-Norm XY'. Wir haben gute Erfahrungen mit klaren, terminlichen Bonus-Anreizen gemacht. Bei Kosten und Qualitäten ist es schwieriger, aber nicht unmöglich. Das ist der pragmatischste Weg, um Anreize zu schaffen, ohne die bewährte Vertragsstruktur komplett über den Haufen zu werfen.

I: Basierend auf diesen Modulen habe ich drei abgestufte CM-Modelle entwickelt. Ich würde gerne Ihre Einschätzung hören. CM Light: eine beratende, optimierte Projektsteuerung, die aber moderne Methoden wie Lean und agile Moderation einsetzt. CM Standard: Dieses Modell geht weiter und übernimmt delegierte Bauherrenaufgaben mit klar definierter Entscheidungsvollmacht, beispielsweise die Freigabe von Nachträgen bis zu einer Summe X oder die eigenständige Steuerung der Planer in einem definierten Rahmen. CM Advanced: Hier übernimmt der CM die volle Ergebnisverantwortung, beispielsweise für die Rohbaukosten, und ist finanziell am Erfolg oder Misserfolg beteiligt, ähnlich einem CM-at-Risk. Welches dieser Modelle bevorzugen Sie als Auftraggeber?

E: Das hängt stark vom Projekt und unserer eigenen personellen Kapazität ab. Das CM Light ist für uns eigentlich nur eine verbesserte Projektsteuerung, das bringt uns nicht den

Quantensprung. Das CM Advanced mit einer direkten finanziellen Beteiligung des Managers ist für uns als Fonds hochriskant. Es schafft eine Interessenkollision: Optimiert der CM dann wirklich für unsere Projektziele oder nur für sein eigenes finanzielles Ergebnis? Für uns ist das CM Standard mit Abstand das attraktivste Modell. Wir behalten die strategische Kontrolle und die Hoheit über das Gesamtbudget, geben aber operative Entscheidungen an einen Profi ab, der dadurch schneller und effektiver agieren kann. Die delegierte Entscheidungskompetenz in einem klar definierten Korridor ist der Schlüssel. Das entlastet uns im Tagesgeschäft enorm und beschleunigt das Projekt, ohne dass wir die Kontrolle verlieren. Dieses Modell hat aus meiner Sicht das größte Potenzial für professionelle, institutionelle Auftraggeber.

I: Wenn Sie auf das gesamte Modell blicken – was ist aus Ihrer Sicht der vielversprechendste Aspekt und was die größte Herausforderung bei der Umsetzung?

E: Der vielversprechendste Aspekt ist die klare Strukturierung der Verantwortungsübernahme im „Standard"-Modell. Die Idee, operative Entscheidungsbefugnisse klar zu delegieren, ist der richtige Weg, um aus der reinen Beratung herauszukommen und echte Entlastung für den Bauherrn zu schaffen. Die größte Herausforderung bleibt die Kultur. Sie können die besten Verträge und Prozesse definieren, aber wenn die Beteiligten nicht bereit sind, transparent zu kommunizieren, Wissen zu teilen und fair miteinander umzugehen, wird jedes Modell scheitern. Die Überwindung des jahrzehntelang eingeübten Misstrauens ist die eigentliche Herkulesaufgabe.

I: Frau Bauer, ich danke Ihnen vielmals für Ihre Zeit und diese sehr klaren und praxisnahen Einschätzungen aus Auftraggebersicht. Das ist für die Validierung meiner Arbeit von enormem Wert. Ich wünsche Ihnen noch einen erfolgreichen Tag.

E: Gern geschehen, Herr Kizil. Ihnen ebenfalls viel Erfolg. Auf Wiederhören.

A.4 Interview 2

I: Guten Tag Herr Dr. Schmidt, vielen Dank, dass Sie sich die Zeit nehmen. Mein Name ist Hüseyin Kizil. Ich führe dieses Interview im Rahmen meiner Bachelorarbeit an der DHBW Mosbach, in der ich ein alternatives Construction-Management-Modell für den deutschen Hochbau entwickle.

E: Guten Tag, Herr Kizil. Gerne. Ich bin gespannt, welche akademischen Lösungen Sie für unsere sehr handfesten Probleme in der Praxis vorschlagen.

I: Genau darum geht es: Ich möchte mein theoretisches Modell mit Ihrer Praxiserfahrung als technischer Leiter eines großen Generalunternehmers abgleichen. Das Gespräch wird etwa 15 bis 20 min in Anspruch nehmen. Die Auswertung erfolgt anonymisiert und dient ausschließlich meiner wissenschaftlichen Arbeit. Wären Sie mit einer Aufzeichnung einverstanden?

E: Ja, das ist in Ordnung. Legen wir los.

I: Aus Ihrer Projekterfahrung, worin bestehen die hartnäckigsten Probleme bei der traditionellen Projektabwicklung, also bei der Trennung von Planung, Steuerung und Ausführung?

E: Das größte Problem ist für uns als Ausführende ganz klar die mangelhafte Qualität der Ausführungsplanung, die wir erhalten. Wir bekommen Pläne, die entweder unvollständig, fehlerhaft oder schlicht nicht baubar sind. Das führt zu einem enormen Aufwand für Bedenkenanmeldungen, zu Baustopps und zu endlosen Diskussionen über Nachträge. Die Planer arbeiten oft im luftleeren Raum, ohne ein Gefühl für die Abläufe und Kosten auf der Baustelle zu haben. Die Projektsteuerung agiert dann meist nur als Postbote zwischen uns und den Planern und trifft keine Entscheidungen. Diese Schnittstellen sind reine Reibungsverlustgeneratoren. Am Ende des Tages sollen wir einen Festpreis und einen fixen Termin halten für eine Planung, die von Anfang an auf wackeligen Füßen steht. Das ist das tägliche Dilemma.

I: Diese Einschätzung bestätigt die Prämisse meiner Arbeit, dass die etablierten Strukturen nach HOAI und AHO die Potenziale moderner, kollaborativer Methoden strukturell hemmen.

E: Das kann man so sagen. Das System fördert die Abgrenzung von Verantwortlichkeiten und damit das „Claim-Denken". Jeder sichert zuerst seinen eigenen Bereich ab, anstatt gemeinsam die beste Lösung für das Projekt zu finden. Kooperation findet statt, aber sie findet trotz des Systems statt, nicht wegen des Systems.

I: Hier setzt mein erstes Modul A.1+ „Kollaborative Strukturen" an. Die Idee ist die frühzeitige und verbindliche Integration von Ausführungsexpertise. Konkret würde das bedeuten, dass Ihr Unternehmen schon in Leistungsphase 2 oder 3 in ein interdisziplinäres Kernteam, einen sogenannten „Big Room", berufen wird, um die Planung auf Baubarkeit, Logistik und Kostenaspekte zu prüfen und zu optimieren. Halten Sie diesen frühen Input für den entscheidenden Hebel zur Verbesserung der Planungsqualität?

E: Der Hebel ist unbestreitbar der richtige. Frühzeitige Planungsoptimierung ist der heilige Gral. Aber Ihr Vorschlag wirft für uns als GU sofort mehrere kritische Fragen auf. Erstens: Wer bezahlt uns für diesen erheblichen Aufwand in der Leistungsphase 2? Das ist hochqualifizierte Arbeit unserer besten Leute. Eine Abrechnung auf Stundenbasis ist riskant und oft nicht kostendeckend. Zweitens: Die Haftungsfrage. Wenn wir in Phase 2 einen Vorschlag zur Kosteneinsparung machen, der sich in Phase 5 als problematisch herausstellt – wer haftet dann? Der Planer, der es gezeichnet hat, oder wir, die den Input gegeben haben? Das muss vertraglich glasklar geregelt sein, sonst bewegen wir uns auf sehr dünnem Eis. Drittens: Die Vergabe. Wenn wir früh beratend tätig sind, wie wird sichergestellt, dass wir am Ende auch den Bauauftrag zu fairen Konditionen erhalten? Die Gefahr, dass unser Know-how abgegriffen wird und der Auftrag dann doch an den billigsten Anbieter geht, ist real. Ohne eine Lösung für diese drei Punkte – Vergütung, Haftung und Vergabe – ist der „Big Room" für uns ein kaum kalkulierbares unternehmerisches Risiko.

I: Sie sprechen die zentralen Hürden an. Nehmen wir an, diese sind geklärt. Mein Modul A.2+ „Moderation interdisziplinärer Teams" beschreibt die Rolle des CM dann nicht mehr als Kontrolleur, sondern als „Facilitator" oder „Servant Leader". Er soll agile Workshops moderieren und dem Team helfen, Hindernisse aus dem Weg zu räumen, anstatt Anweisungen zu geben. Ist die Branche, insbesondere die ausführende Seite, bereit für diesen Kulturwandel weg von der klaren Ansage hin zur moderierten Selbstorganisation?

E: Ehrlich gesagt, ich bin da extrem skeptisch. Auf der Baustelle brauchen wir klare Anweisungen und eindeutige Verantwortlichkeiten. Ein Polier muss wissen, wer die Entscheidung trifft. Die Idee eines ‚dienenden Führers' klingt in der Managementliteratur gut, aber in der Realität eines komplexen Bauablaufs kann das zu Chaos führen. Wenn der CM nur noch moderiert, wer trifft dann die Entscheidung, wenn sich Planer und Ausführende nicht einig sind? Wer trägt die Verantwortung für diese Entscheidung? Für uns als GU ist ein Projektsteuerer, der keine Entscheidungen trifft oder treffen will, ein Problem, kein ‚Facilitator'. Wir brauchen einen starken Bauherrenvertreter, der seine Rolle wahrnimmt und uns eine klare Richtung vorgibt. Alles andere führt zu Verzögerungen und Verantwortungsdiffusion. Die Moderationskompetenz ist ein Plus, aber sie darf niemals die Entscheidungs- und Durchsetzungskompetenz ersetzen.

I: Betrachten wir das Modul A.3+ „Proaktives Risikomanagement". Statt Risiken nur in Listen zu verwalten, geht es hier darum, sie durch stabile Prozesse nach Lean-Prinzipien und durch digitale Simulationen im BIM-Modell präventiv zu vermeiden. Wie bewerten Sie das Potenzial dieses proaktiven Ansatzes aus Ihrer Sicht als Generalunternehmer?

E: Das Potenzial ist theoretisch riesig. Jeder Fehler, den wir nicht machen, spart uns bares Geld. Lean Construction zur Stabilisierung der Prozesse auf der Baustelle ist ein Weg, den wir selbst verfolgen, weil es unsere eigene Effizienz steigert. Das ist also keine Frage. Die Simulation im BIM ist ebenfalls ein starkes Werkzeug. Die kritische Frage ist aber immer: Wer definiert das Risiko und wer bezahlt für die Prävention? Viele Risiken, wie zum Beispiel späte Planänderungen durch den Bauherrn oder Lieferkettenprobleme, liegen außerhalb unseres Einflussbereichs. Wenn wir proaktiv teurere, aber lieferbarere

Materialien vorschlagen, um ein Terminrisiko zu minimieren, muss der Bauherr bereit sein, diesen Mehrpreis zu zahlen. Oft wird von uns proaktives Handeln erwartet, aber die damit verbundenen Kosten sollen wir bitteschön selbst tragen. Ein proaktives Risikomanagement kann nur funktionieren, wenn es eine gemeinsame, transparente Bewertung von Risiken und eine faire Verteilung der Kosten für Präventionsmaßnahmen gibt.

I: Die digitale Basis dafür wäre Modul A.4+, „Digitales Informationsmanagement" via BIM und CDE als ‚Single Source of Truth'. Was ist aus Ihrer Sicht die größte Hürde für eine konsequente Umsetzung? Die Technologie, die Kosten oder die Kompetenz der eigenen und der Mitarbeitenden der Nachunternehmer?

E: Die Technologie und die Kosten sind beherrschbar. Die größte Hürde ist die fehlende durchgängige Kompetenz in der gesamten Kette. Wir als großes GU können unsere Leute schulen und die Systeme implementieren. Aber wir arbeiten mit Dutzenden von Nachunternehmern, oft kleinen und mittelständischen Handwerksbetrieben. Von denen können wir nicht erwarten, dass sie alle über die gleiche Hard- und Software und vor allem über das gleiche digitale Know-how verfügen. Die digitale Kluft zwischen den großen Playern und den KMUs ist enorm. Solange wir diese Lücke nicht schließen, wird die ‚Single Source of Truth' immer an der Schnittstelle zum Subunternehmer unterbrochen. Wir drucken dann doch wieder Pläne aus oder schicken PDFs. Die größte Hürde ist also die mangelnde digitale Durchgängigkeit und die Qualifikation in der Breite des Marktes.

I: Kommen wir zum Vertraglichen, Modul E+ „Strategisches Vertragsmanagement". Um eine echte Partnerschaft zu fördern, schlage ich vor, klassische Verträge mit Elementen wie Bonus-Malus-Regelungen oder gemeinsamen Risikopools zu ergänzen. Welches dieser partnerschaftlichen Anreizsysteme halten Sie in der deutschen Vertragskultur für am ehesten umsetzbar?

E: Risikopools sind hochproblematisch, da sie die klaren Haftungsgrenzen der VOB/B aufweichen. Das ist juristisches Neuland und für unsere Rechtsabteilung ein Albtraum. Bonus-Malus-Regelungen sind da wesentlich praxistauglicher. Ein Bonus ist immer ein guter Anreiz. Die kritische Seite ist der Malus. Ein Malus ist nur dann fair, wenn wir auch die volle Kontrolle über die Leistung haben. Wenn wir einen Malus für eine Terminüberschreitung bekommen, die durch eine verspätete Planlieferung verursacht wurde, ist das inakzeptabel. Ein solches System kann also nur funktionieren, wenn es extrem präzise und fair aufgesetzt ist und die Verantwortlichkeiten für Störungen glasklar regelt. Andernfalls ist es nur ein weiteres Instrument, um das Risiko einseitig auf uns als Ausführende abzuwälzen.

I: Abschließend meine drei abgestuften CM-Modelle. CM-Light: beratend, aber mit modernen Methoden. CM-Standard: mit delegierter, aber begrenzter Entscheidungsvollmacht. CM-Advanced: mit voller Ergebnisverantwortung für Teilbereiche, zum Beispiel

Kosten, und finanzieller Beteiligung, also einem echten „at-Risk"-Modell. Welches dieser Modelle hat aus Ihrer Sicht das größte Potenzial am deutschen Markt?

E: Das CM-Light ist alter Wein in neuen Schläuchen – eine Projektsteuerung, die ein paar neue Buzzwords kennt, aber an den Grundproblemen nichts ändert. Das CM-Advanced ist für uns als GU nur dann interessant, wenn wir die Planung komplett selbst steuern können – also de facto ein Totalunternehmer-Modell – und das Risiko mit einer sehr hohen Marge vergütet wird. Das wird ein Nischenmarkt für sehr spezielle Projekte bleiben. Das größte Potenzial sehe ich ebenfalls im CM-Standard, aber nur unter einer Bedingung: Die „delegierte Entscheidungsvollmacht" muss absolut klar und unmissverständlich im Vertrag definiert sein. Wir brauchen einen Ansprechpartner, der im definierten Rahmen schnell und verbindlich entscheidet. Wenn dieses Modell dazu führt, dass wir nicht wochenlang auf Freigaben warten müssen, dann hat es einen echten Mehrwert für die Abwicklung und könnte sich durchsetzen.

I: Herr Dr. Schmidt, ich danke Ihnen für diese sehr direkten und kritischen Einblicke aus der Perspektive der Ausführung. Das hilft mir außerordentlich, mein Modell zu schärfen.

E: Gern geschehen. Am Ende muss sich jedes Modell daran messen lassen, ob es auf der Baustelle funktioniert und ob die Verträge fair sind. Wenn Sie das hinbekommen, haben Sie einen wertvollen Beitrag geleistet. Viel Erfolg weiterhin.

I: Vielen Dank. Einen schönen Tag wünsche ich Ihnen.

A.5 Interview 3

I: Guten Tag Frau Bauer, ich danke Ihnen herzlich, dass Sie sich als Leiterin eines städtischen Hochbauamtes die Zeit für dieses Gespräch nehmen. Mein Name ist Hüseyin Kizil und ich führe dieses Interview im Rahmen meiner Bachelorarbeit zum Thema „Construction Management im Hochbau".

E: Guten Tag, Herr Kizil. Sehr gerne. Die Schnittstelle zwischen Wissenschaft und kommunaler Praxis ist immer spannend. Oftmals sind die Ansätze, die in der Theorie gut klingen, bei uns in der öffentlichen Verwaltung nur schwer umsetzbar. Aber ich bin offen für neue Impulse.

I: Genau das ist der Punkt. Ich möchte ein von mir entwickeltes CM-Modell, das die Lücke zwischen der klassischen Projektsteuerung nach AHO und den Anforderungen moderner Projekte schließen soll, mit Ihrer Praxiserfahrung abgleichen. Das Interview wird etwa 15 bis 20 min dauern, die Auswertung erfolgt selbstverständlich anonymisiert. Wären Sie mit einer Audioaufzeichnung einverstanden?

E: Ja, das passt.

I: Perfekt. Aus Ihrer Erfahrung mit öffentlichen Bauvorhaben, worin bestehen die hartnäckigsten Probleme, die durch die klassische Trennung von Planung, Steuerung und Ausführung entstehen?

E: Die Probleme sind vielfältig und kosten uns als öffentliche Hand viel Geld und Nerven. Das Hauptproblem ist das sequenzielle, phasengetrennte Vorgehen. Wir schreiben Planungsleistungen aus, bekommen einen Architekten, der einen Entwurf macht. Dann kommen die Fachplaner hinzu, oft erst, wenn wesentliche Vorentscheidungen getroffen sind. Die Ausführungsexpertise eines Bauunternehmens kommt erst nach der Leistungsphase 7 ins Spiel. Das Resultat sind Planungen, die zwar architektonisch ansprechend sein mögen, aber oft unwirtschaftlich, schwer baubar und voller Kollisionen sind. Die Projektsteuerung, die wir nach AHO beauftragen, versucht dann, diese Scherben zusammenzukehren, hat aber oft keine Durchgriffsmöglichkeiten und agiert als reiner Koordinator. Hinzu kommen die vergaberechtlichen Zwänge, die uns zwingen, primär nach dem niedrigsten Preis zu vergeben, was die Qualität nicht immer fördert. Der gesamte Prozess ist von einer adversen Grundhaltung geprägt, weil jeder Beteiligte versucht, sein vertraglich geschuldetes Minimum zu leisten und sich gegen Ansprüche abzusichern.

I: Sie bestätigen damit die These meiner Arbeit, dass die etablierten Strukturen nach HOAI und AHO die Potenziale moderner, kollaborativer Methoden strukturell hemmen.

E: Exakt. Das Korsett ist zu eng. Wir versuchen, mit partnerschaftlichen Ansätzen gegenzusteuern, aber das Vergaberecht und die getrennten Verträge setzen uns enge Grenzen.

I: Hier setzt mein erstes Modul A.1+ „Kollaborative Strukturen" an. Ein Kernelement ist die frühzeitige Etablierung eines interdisziplinären Kernteams, idealerweise in einer gemeinsamen Projektstube, einem „Big Room". Damit sollen die Silos aufgebrochen werden, indem die Ausführungsexpertise schon in den frühen Planungsphasen beratend eingebunden wird. Halten Sie diesen frühen, integrierten Ansatz für den entscheidenden Hebel, um die Planungsqualität und damit auch die Kosten- und Terminsicherheit für öffentliche Projekte zu verbessern?

E: Der Hebel wäre gigantisch, daran besteht kein Zweifel. Wenn wir das Know-how eines erfahrenen Bauunternehmens bereits bei der Entwurfsplanung nutzen könnten, würden wir uns unzählige Probleme in der Ausführung ersparen. Aber hier prallen wir mit voller Wucht auf die Wand des Vergaberechts. Wie wollen Sie ein Bauunternehmen für die beratende Tätigkeit in Phase 2 auswählen, ohne den Wettbewerb für die spätere Bauleistung unzulässig zu beschränken? Eine direkte Beauftragung ist bei unseren Projektgrößen ausgeschlossen. Ein mehrstufiger Teilnahmewettbewerb ist extrem aufwendig und juristisch heikel. Und welche Firma gibt ihr bestes Wissen preis, wenn sie nicht sicher sein kann, den Auftrag später auch zu bekommen? Das „Big Room"-Konzept ist in der Privatwirtschaft ein hervorragendes Werkzeug, aber für uns als öffentliche Auftraggeber ist die frühzeitige, verbindliche Auswahl der Partner die fast unüberwindbare Hürde.

I: Angenommen, man fände vergaberechtlich saubere Wege, etwa über komplexe Verhandlungsverfahren mit vorgeschaltetem Teilnahmewettbewerb. Mein Modul A.2+ „Moderation interdisziplinärer Teams" sieht dann für den Construction Manager eine neue Rolle vor: weg vom Kontrolleur hin zum „Facilitator", der agile Workshops moderiert und dem Team dient, indem er Hindernisse aus dem Weg räumt. Ist die öffentliche Verwaltung und sind die Planungsbüros, mit denen Sie arbeiten, bereit für einen solchen Kulturwandel hin zu mehr Selbstorganisation und einer dienenden Führungsrolle?

E: Das ist eine Frage der Kultur und der handelnden Personen. Wir haben Projekte, in denen das ansatzweise funktioniert, wenn wir einen Projektsteuerer haben, der nicht nur auf seine Checklisten schaut, sondern die Menschen zusammenbringt. Aber es ist ein dickes Brett, das man bohren muss. Die Planer sind es gewohnt, ihre Pläne abzugeben und für die Umsetzung ist dann der Nächste zuständig. Die Vorstellung, in iterativen Schleifen und Workshops gemeinsam Lösungen zu erarbeiten, überfordert viele. Zudem haben wir als öffentlicher Auftraggeber eine Bringschuld, was die Entscheidung angeht. Gremien, politische Einflüsse, lange Entscheidungswege – ein „Servant Leader" kann zwar die Stimmung heben, aber er kann unsere internen Abstimmungsprozesse nicht beschleunigen. Wenn eine Entscheidung vom Stadtrat getroffen werden muss, hilft die beste Moderation nichts. Die Rolle des Moderators ist wertvoll, aber die Realität unserer Verwaltungsstrukturen begrenzt seine Wirksamkeit erheblich.

I: Ein weiterer Punkt ist Modul A.3+ „Proaktives Risikomanagement". Statt Risiken nur zu listen, sollen sie durch stabilere Prozesse – inspiriert von Lean Construction – und durch Simulationen im BIM-Modell präventiv vermieden werden. Wie bewerten Sie das Potenzial dieses Ansatzes für öffentliche Projekte, wo Risiken oft politischer Natur oder durch den Baugrund bedingt sind?

E: Das Potenzial ist sehr hoch, gerade bei uns. Die technischen Risiken, die Sie ansprechen, wie Kollisionen im BIM-Modell, sind das eine. Die können wir mit der Methode gut in den Griff bekommen. Viel wichtiger für uns ist aber die Transparenz, die dadurch entsteht. Wenn ich dem Rechnungsprüfungsamt oder dem Stadtrat anhand einer 4D-Simulation klar aufzeigen kann, warum eine bestimmte Bauablaufstörung zu einer Verzögerung von drei Monaten führt, habe ich eine völlig andere Argumentationsgrundlage als mit einem trockenen Balkenplan. Die präventive Wirkung von Lean-Prozessen ist ebenfalls unbestritten. Das Problem ist hier weniger die Methode als vielmehr der Anreiz.

In einem klassischen Einzelvergabesystem hat der einzelne Handwerker kaum einen Anreiz, sich an einen übergeordneten Taktplan zu halten, wenn er dadurch vielleicht seine eigene Kolonne anders disponieren müsste. Proaktives Risikomanagement funktioniert nur, wenn alle an einem Strang ziehen, und das tun sie nur, wenn die Vertragsstruktur das belohnt.

I: Das führt direkt zu Modul E+ „Strategisches Vertragsmanagement". Um diese Partnerschaft zu fördern, schlage ich vor, klassische VOB-Verträge mit Elementen wie Bonus-Malus-Regelungen zu ergänzen. Wären solche Anreizsysteme in der öffentlichen Hand überhaupt durchsetzbar?

E: Das ist der schwierigste Teil. Einen Malus, also eine Vertragsstrafe, kennen wir, das ist Standard. Ein Bonus ist extrem schwierig zu argumentieren. Stellen Sie sich vor, wir zahlen einem Unternehmen 50.000 Euro Bonus, weil es zwei Wochen früher fertig wird. Dann kommt die Presse oder eine Anfrage aus dem Stadtrat und fragt, warum wir Steuergelder „verschenken", obwohl das Unternehmen doch nur seinen Vertrag erfüllt hat. Die Vorstellung, für überdurchschnittliche Leistung auch überdurchschnittlich zu bezahlen, ist in der öffentlichen Wahrnehmung kaum verankert. Wir müssten nachweisen, dass der Bonus geringer ist als die Einsparungen, die wir durch die frühere Fertigstellung erzielen, zum Beispiel durch geringere Finanzierungskosten. Das ist ein hoher argumentativer Aufwand. Einfacher umsetzbar wären vielleicht „Pain/Gain-Share"-Modelle bei Einsparungen gegenüber einem gemeinsam festgelegten Zielpreis, aber auch das ist vergaberechtlich und haushaltstechnisch sehr anspruchsvoll. Der Wille ist da, aber der administrative und politische Aufwand ist enorm.

I: Zum Abschluss meine drei CM-Organisationsmodelle. CM-Light: rein beratend nach AHO, aber mit modernen Moderations- und Lean-Methoden. CM-Standard: Übernahme delegierbarer Bauherrenaufgaben mit klar definierter Entscheidungsvollmacht, z. B. Freigabe von Nachträgen bis 10.000 Euro. CM-Advanced: volle Ergebnisverantwortung für Kosten und Termine in einem partnerschaftlichen Risikomodell. Welches dieser Modelle sehen Sie für einen risikoaversen öffentlichen Auftraggeber wie eine Stadt als am passendsten an?

E: Das CM-Advanced-Modell scheidet für uns fast vollständig aus. Wir können als öffentliche Hand unsere Ergebnisverantwortung, die wir gegenüber dem Steuerzahler und der Politik haben, nicht einfach an einen Dritten abgeben. Das ist eine originäre Bauherrenaufgabe, die nicht delegierbar ist. Das CM-Standard-Modell ist interessant. Die Übertragung klar definierter, kleinerer Entscheidungsbefugnisse könnte unsere Prozesse enorm beschleunigen. Das entlastet uns im Tagesgeschäft und gibt dem Projekt mehr Dynamik. Das ist definitiv der Weg mit dem größten realisierbaren Potenzial. Das CM-Light-Modell ist im Grunde das, was wir von einer exzellenten Projektsteuerung heute schon erwarten sollten. Wenn ein Projektsteuerer diese modernen Methoden nicht zumindest kennt, ist er sein Geld nicht wert. Der Mehrwert gegenüber einer sehr gut gemachten AHO-Steuerung wäre hier am geringsten, aber es ist das Modell, das am einfachsten umzusetzen ist. Langfristig sollte sich der Markt in Richtung „CM Standard" entwickeln.

I: Letzte Frage: Was ist aus Ihrer Sicht der vielversprechendste Aspekt des gesamten Modells und was die größte Herausforderung bei der Umsetzung in der öffentlichen Praxis?

E: Der vielversprechendste Aspekt ist der ganzheitliche Gedanke, die Silos aufzubrechen und die Kommunikation zu verbessern. Weg von der konfrontativen Abwicklung, hin zu einer lösungsorientierten Kultur. Das ist der Kern aller Verbesserungen. Die mit Abstand größte Herausforderung ist und bleibt das deutsche Vergaberecht. Es ist auf den Preiswettbewerb und die klare Trennung der Rollen ausgelegt und konterkariert in seiner jetzigen Form viele partnerschaftliche und integrative Ansätze. Solange wir hier keine intelligenteren und flexibleren Vergabeverfahren für komplexe Projekte etablieren, werden viele Ihrer guten Ideen leider nur schwer in die breite kommunale Praxis zu überführen sein.

I: Frau Bauer, ich danke Ihnen für Ihre Zeit und diese äußerst wertvollen und differenzierten Einblicke. Das war für meine Arbeit extrem hilfreich.

E: Gern geschehen, Herr Kizil. Ich wünsche Ihnen viel Erfolg für Ihre Abschlussarbeit.

A.6 Interview 4

I: Guten Tag Herr Dr. Richter, ich weiß Ihre Zeit sehr zu schätzen. Vielen Dank, dass Sie sich als Technischer Leiter eines so renommierten Generalunternehmens bereit erklärt haben, dieses Gespräch zu führen. Mein Name ist Hüseyin Kizil, ich schreibe meine Bachelorarbeit über alternative Projektabwicklungsmodelle im Hochbau.

E: Richter. Guten Tag, Herr Kizil. Machen wir. Die Theorie trifft auf die Praxis – schauen wir mal, was dabei herauskommt. Wir haben täglich mit den Realitäten auf der Baustelle zu kämpfen, da bleibt für akademische Modelle oft wenig Zeit. Aber ich bin gespannt.

I: Das verstehe ich gut. Genau deshalb möchte ich mein theoretisches CM-Modell mit Ihrer Praxiserfahrung abgleichen. Das Gespräch wird etwa 20 min in Anspruch nehmen. Die Auswertung ist selbstverständlich anonym. Wären Sie mit einer Aufnahme für meine Notizen einverstanden?

E: Ja, das ist in Ordnung. Legen Sie los.

I: Aus Ihrer Sicht als Generalunternehmer, wo liegen die größten Reibungsverluste bei der traditionellen Projektabwicklung, die ja durch die Trennung von Planung, Steuerung und Ausführung gekennzeichnet ist?

E: Die größten Reibungsverluste? Ganz klar in der mangelhaften und nicht ausführungsreifen Planung, die wir auf den Tisch bekommen. Wir werden oft erst spät hinzugezogen, die Leistungsverzeichnisse sind unvollständig oder fehlerhaft und die Pläne sind nicht aufeinander abgestimmt. Dann beginnt unsere eigentliche Arbeit: die Fehler der anderen zu finden und zu heilen. Das kostet Zeit, Geld und führt zwangsläufig zu Nachträgen. Die Projektsteuerung agiert dabei oft als reiner Briefkasten zwischen uns und dem Planerteam, ohne eigene technische Kompetenz und ohne Entscheidungsfreude. Wir werden für die Lösung von Problemen bezahlt, die bei einer integrierten Planung von Anfang an gar nicht erst entstehen würden. Die Trennung führt zu einer systematischen Verschiebung der Verantwortung und des Risikos auf das letzte Glied in der Kette – und das sind in der Regel wir als ausführendes Unternehmen.

I: Meine Arbeitshypothese ist, dass die normativen Rahmenwerke von HOAI und AHO eine solche integrierte, kollaborative Arbeitsweise strukturell eher behindern als fördern. Teilen Sie diese Einschätzung?

E: Absolut. Die HOAI mit ihrer Phasenstruktur zementiert das Silodenken. Jeder macht seins und reicht es dann weiter. Es gibt keinen Anreiz, über den eigenen Tellerrand zu blicken. Am Ende haftet jeder nur für seinen kleinen Teil, aber niemand für das Gesamtwerk. Das ist ein grundlegendes Webfehler im deutschen System.

I: Um dem zu begegnen, schlage ich in Modul A.1+ „Kollaborative Strukturen“ vor, ein interdisziplinäres Kernteam aus Bauherr, Planern und Ausführungsexpertise frühzeitig in einer Projektstube, einem sogenannten „Big Room“, zusammenzubringen. Sehen Sie in dieser frühen, verbindlichen Integration der Ausführungsexpertise einen echten Hebel, um die Planungsqualität zu heben und damit Ihr unternehmerisches Risiko zu senken?

E: Der Hebel wäre enorm. Aber die Umsetzung ist das Problem. Ein „Big Room“ kostet Geld. Wer bezahlt meine besten Leute dafür, dass sie monatelang in Workshops sitzen, anstatt auf der Baustelle Geld zu verdienen? Wir als GU können das nur leisten, wenn wir dafür auch einen Auftrag haben. Das bedeutet, wir müssten schon in Leistungsphase 2 oder 3 einen Vorvertrag bekommen. Das wiederum erfordert vom Bauherrn den Mut, sich frühzeitig zu binden und nicht nur auf den billigsten Preis am Ende zu schielen. Die kulturelle Hürde ist, dass viele Auftraggeber glauben, sie sparen Geld, wenn sie uns erst spät ins Boot holen. Das Gegenteil ist der Fall, aber dieser Gedanke muss sich erst durchsetzen. Die Idee ist richtig, aber die kommerziellen Rahmenbedingungen in der Praxis stehen dem oft im Weg.

I: Angenommen, diese kommerziellen Fragen wären geklärt. In Modul A.2+ beschreibe ich die Rolle des Construction Managers weniger als Kontrolleur, sondern mehr als „Facilitator“ oder „Servant Leader“, der agile Workshops moderiert. Also eine dienende Führungsrolle. Ist die Baubranche, die ja für klare Hierarchien bekannt ist, bereit für so einen Kulturwandel?

E: Ehrlich gesagt, Herr Kizil, mit Begriffen wie „Servant Leader“ können unsere Projektleiter auf der Baustelle wenig anfangen. Das klingt nach Unternehmensberatung, nicht nach Beton und Stahl. Ein Projektleiter muss führen, Entscheidungen treffen und die Verantwortung tragen. Er muss sagen, wo es langgeht. Wenn er nur noch als Moderator von Workshops agiert, wer trifft dann die Entscheidungen? Das darf nicht in endlosen Diskussionsrunden zerfasern. Ich verstehe den Grundgedanken, die Kompetenz des Teams zu nutzen. Aber es braucht am Ende immer einen, der den Hut aufhat und für das Ergebnis geradesteht. Diese Führungsrolle darf nicht durch zu viel „agiles Gerede“ aufgeweicht werden. Wir brauchen keine Therapeuten auf der Baustelle, sondern Manager, die Probleme lösen.

I: Der Gedanke ist nicht, die Führung abzuschaffen, sondern sie anders zu definieren: Der CM befähigt das Team, operative Probleme selbst zu lösen, damit er sich auf strategische Risiken konzentrieren kann. Das führt zu Modul A.3+ „Proaktives Risikomanagement“. Statt Risiken nur zu listen, sollen sie durch stabilere Prozesse, etwa mittels Lean-Methoden, und durch Simulationen im BIM-Modell präventiv vermieden werden. Wie bewerten Sie das Potenzial dieses Ansatzes aus Ihrer Sicht als GU?

E: Das ist unser tägliches Brot. Jedes Projekt ist eine einzige große Risikomanagement-Übung. Der Ansatz, Risiken proaktiv anzugehen, ist absolut richtig und überlebenswichtig für uns. Lean-Methoden wie Taktplanung helfen, den Ablauf zu stabilisieren und Puffer zu reduzieren. BIM-Simulationen helfen, technische Risiken zu erkennen. Das ist alles gut und richtig. Die Frage ist immer: Wer trägt die Kosten für diese Prävention und wie wird der Nutzen verrechnet? Wenn wir durch einen aufwendigeren Planungsprozess spätere Risiken vermeiden, muss sich das auch in unserem Honorar widerspiegeln. Aktuell werden wir eher dafür bezahlt, Probleme zu lösen, als dafür, dass wir sie von vornherein vermeiden. Das Anreizsystem ist falsch justiert.

I: Ein wichtiger Punkt. Kommen wir zu Modul A.4+ „Digitales Informationsmanagement“. Die Basis ist eine „Single Source of Truth“ durch BIM auf einer Common Data Environment (CDE). Was ist hier die größte Hürde in der Praxis – die Technologie, die Kosten oder die Kompetenzen der Leute?

E: Alle drei. Die Kosten für Software und leistungsfähige Hardware sind hoch. Aber das größte Problem ist die mangelnde Kompetenz und die fehlende Interoperabilität. Jeder Fachplaner arbeitet mit seiner eigenen Software. Der Datenaustausch über IFC-

Schnittstellen ist eine Katastrophe und führt zu massivem Informationsverlust. Wir bekommen Modelle, die schön aussehen, aber für unsere Kalkulation oder die Arbeitsvorbereitung unbrauchbar sind, weil die Bauteile nicht korrekt attributiert sind. Wir müssen dann mit hohem Aufwand eigene, ausführungsreife Modelle erstellen. Die CDE-Plattformen sind oft kompliziert und werden von den Handwerkern auf der Baustelle kaum akzeptiert. Die Idee einer „Single Source of Truth" ist ein Traum, die Realität ist ein Flickenteppich aus inkonsistenten Daten.

I: Und wie sehen Sie vor diesem Hintergrund das Modul E+ „Strategisches Vertragsmanagement", das partnerschaftliche Anreize wie Bonus-Malus-Regelungen oder gemeinsame Risikopools vorsieht?

E": Da bin ich extrem skeptisch. „Open Books" und „Shared Risk Pools" funktionieren nur bei absolutem Vertrauen. Unsere Kalkulation ist unser Geschäftsgeheimnis. Warum sollten wir unsere Karten auf den Tisch legen und unsere Marge mit anderen teilen, die vielleicht nicht so effizient arbeiten wie wir? Wir sind bereit, ein festes Risiko zu einem festen Preis zu übernehmen. Dafür wollen wir aber auch die volle Chance auf den Gewinn, wenn wir gut sind. Ein Bonus ist immer nett, aber er muss den Aufwand rechtfertigen. Ein Malus ist für uns selbstverständlich. Wir stehen für unsere Leistung gerade. Aber diese partnerschaftlichen Modelle klingen für mich oft danach, als solle das unternehmerische Risiko des GUs auf alle verteilt werden. Das können und wollen wir nicht.

I: Abschließend zu den drei CM-Modellen. CM-Light: beratend mit modernen Methoden. CM-Standard: mit klar delegierten Entscheidungsbefugnissen. CM-Advanced: volle Ergebnisverantwortung für Teilbereiche, ähnlich einem CM-at-Risk. Welches Modell hat aus Ihrer Sicht am deutschen Markt das größte Potenzial?

E: Das CM-Advanced-Modell ist im Grunde unser Kerngeschäft als General- oder Totalunternehmer, nur unter einem neuen Namen. Wenn ein Bauherr uns das Vertrauen schenkt, übernehmen wir die volle Verantwortung für Kosten, Termine und Qualität. Das ist das sauberste Modell mit der klarsten Verantwortung. Das CM-Light-Modell ist aus meiner Sicht wirkungslos. Ein Berater ohne Macht und Verantwortung wird in der harten Realität des Bauens zerrieben. Das CM-Standard-Modell ist ein fauler Kompromiss. Geteilte Verantwortung ist keine Verantwortung. Wer entscheidet am Ende? Der Bauherr? Der CM? Das führt nur zu neuen Schnittstellen und Streitigkeiten. Für einen professionellen, privaten Entwickler ist das Advanced-Modell die beste Wahl, weil er einen starken Partner bekommt, der ihm das Risiko abnimmt.

I: Herr Dr. Richter, das waren sehr klare und wertvolle Einblicke aus der unternehmerischen Praxis. Ich danke Ihnen vielmals für Ihre Offenheit.

E: Kein Problem, Herr Kizil. Viel Erfolg. Denken Sie daran: Am Ende muss es sich für alle rechnen, sonst bleibt es eine akademische Übung.

A.7 Interview 5

I: Guten Tag, Herr Neumann. Ich danke Ihnen herzlich, dass Sie sich die Zeit für dieses Gespräch nehmen. Mein Name ist Hüseyin Kizil und ich schreibe meine Bachelorarbeit im Bereich Construction Management. Ihr Einblick als Leiter eines städtischen Hochbauamtes ist für mich von unschätzbarem Wert.

E: Neumann, guten Tag. Gerne. Wir sind immer an neuen Impulsen interessiert, auch wenn wir in der öffentlichen Hand natürlich in einem sehr stark regulierten Korsett agieren. Schauen wir mal, inwieweit sich Ihre akademischen Ansätze mit unserer Realität vereinbaren lassen.

I: Genau das ist das Ziel. Ich möchte ein von mir entwickeltes CM-Modell, das die Lücke zwischen der klassischen Projektsteuerung und den Anforderungen moderner Projekte schließen soll, mit Ihrer Praxiserfahrung abgleichen. Das Interview dauert etwa 20 min, die Auswertung erfolgt anonym. Darf ich das Gespräch für meine Notizen aufzeichnen?

E: Das ist in Ordnung.

I: Aus Ihrer Erfahrung in der öffentlichen Verwaltung, worin bestehen die hartnäckigsten Probleme bei der traditionellen Projektabwicklung, die ja durch die Trennung von Planung, Steuerung und Ausführung geprägt ist?

E: Die Probleme sind vielfältig. Die mangelnde Koordination zwischen den Fachplanern führt zu Kollisionen, die erst spät entdeckt werden. Die Qualität der Ausschreibungsunterlagen ist oft unzureichend, was zu einer hohen Nachtragsquote führt. Das größte Problem für uns ist aber, dass wir durch das Vergaberecht gezwungen sind, einen sequenziellen Prozess zu fahren. Wir müssen Planungsleistungen europaweit ausschreiben, dann wird geplant, und erst auf Basis einer fertigen Ausführungsplanung können wir die Bauleistung vergeben, oft in Losen. Diese systemische Trennung ist der Nährboden für die meisten Probleme. Der Projektsteuerer soll das dann heilen, ist aber oft nur ein schlecht bezahlter Koordinator ohne echte Durchgriffsmacht.

I: Das deckt sich mit meiner Grundannahme, dass die etablierten Strukturen nach HOAI und AHO die Potenziale moderner, kollaborativer Methoden hemmen.

E: Hemmen ist das eine. Das Vergaberecht macht sie schlichtweg oft unmöglich. HOAI und AHO geben uns wenigstens einen rechtssicheren Rahmen für die Vergabe und Abrechnung. Das ist für uns als öffentliche Hand, die jeden Euro vor dem Rechnungshof rechtfertigen muss, essenziell. Wir können nicht einfach Modelle aus der Privatwirtschaft übernehmen, die auf Vertrauen und Handschlagqualität basieren. Wir brauchen transparente, diskriminierungsfreie und nachvollziehbare Prozesse.

I: Das ist ein sehr wichtiger Punkt. Lassen Sie uns das an meinen konkreten Modulen prüfen. Das Modul A.1+ „Kollaborative Strukturen" sieht vor, ein interdisziplinäres Kernteam – also Bauherr, Planer und vor allem Ausführungsexpertise – sehr früh, quasi schon in der Vorplanung, in einer Projektstube, einem „Big Room", zu versammeln. Der Gedanke ist, durch das frühe Einbinden von Bau-Know-how die Planungsqualität fundamental zu verbessern. Halten Sie das für einen wirksamen Hebel?

E: Der Gedanke ist bestechend und fachlich absolut korrekt. Das Problem ist rein juristisch. Welches ausführende Unternehmen soll ich denn in der Leistungsphase 2 in meinen „Big Room" setzen? Ich habe zu diesem Zeitpunkt noch keinen Bauauftrag vergeben. Ich darf ihn auch noch nicht vergeben. Wenn ich ein Unternehmen frühzeitig einbinde, verschafft es sich einen Wissensvorsprung, den andere im späteren Vergabeverfahren nicht haben. Das wäre ein klarer Verstoß gegen den Wettbewerbsgrundsatz. Wir können allenfalls einen externen Berater für die Baubetriebslehre hinzuziehen, aber das ist nicht dasselbe wie die Expertise eines Unternehmens, das das Projekt später auch bauen soll. Die Idee ist gut, aber für uns in der Regel vergaberechtlich nicht umsetzbar.

I: Ein sehr klares Hindernis. Nehmen wir an, wir bewegen uns innerhalb eines legalen Rahmens. Mein Modul A.2+ „Moderation interdisziplinärer Teams" beschreibt die Rolle des Construction Managers neu. Er ist nicht mehr der klassische Kontrolleur, sondern ein „Facilitator" oder „Servant Leader", also eine dienende Führungskraft, die agile Workshops moderiert, um das Team zur besten Lösung zu befähigen. Ist der öffentliche Dienst bereit für so einen Kulturwandel weg von der reinen Kontrolle?

E: Ich halte das für eine gefährliche Begriffsverwirrung, zumindest in unserem Kontext. Ein Projektleiter auf Bauherrenseite ist ein Vertreter der öffentlichen Hand. Er hat eine Kontroll- und Steuerungsfunktion, die er wahrnehmen MUSS. Er muss die Einhaltung von Gesetzen, Normen, Budgets und politischen Beschlüssen sicherstellen. Wenn er diese Rolle zugunsten eines „Facilitators" aufgibt, wer nimmt sie dann wahr? Wir brauchen klare Entscheidungen und Verantwortlichkeiten. Wenn ein Team in einem Workshop eine tolle, aber teurere Lösung entwickelt, kann mein Projektleiter dem nicht einfach zustimmen. Er ist dem Haushaltsrecht verpflichtet. Die Idee der „dienenden Führung" mag in der Softwareentwicklung funktionieren, aber bei einem Schulbau, der mit Steuergeldern finanziert wird, brauchen wir eine klare, weisungsbefugte Leitung, keinen Moderator.

I": Verstanden. Kommen wir zum Modul A.3+ „Proaktives Risikomanagement". Der Gedanke ist, Risiken nicht nur in Listen zu verwalten, sondern sie durch stabilere Prozesse, beispielsweise durch Lean-Methoden, und durch Simulationen im BIM-Modell aktiv zu vermeiden. Das heißt, man investiert im Vorfeld in die Prozessqualität, um spätere Schäden zu verhindern. Wie bewerten Sie das Potenzial dieses Ansatzes?

E: Das Potenzial ist unbestritten. Wir versuchen das im Rahmen unserer Möglichkeiten bereits. Das Problem ist die Rechtfertigung der Kosten. Wenn ich 100.000 Euro für zusätzliche Simulationen oder Lean-Beratung ausgebe, muss ich nachweisen, dass ich dadurch 200.000 Euro an potenziellen Schäden vermieden habe. Dieser Nachweis des Nicht-Eintritts eines Risikos ist extrem schwer zu führen. Es ist für uns politisch und administrativ einfacher, ein eingetretenes Problem zu managen, als im Vorfeld Geld für die Vermeidung eines nur potenziellen Problems auszugeben. Der Ansatz ist richtig, aber er kollidiert mit der Logik öffentlicher Haushalte. Wir verwalten Mangel, wir investieren nicht auf Verdacht.

I: Die digitale Basis meines Modells ist das Modul A.4+ „Digitales Informationsmanagement", also eine „Single Source of Truth" durch eine konsequente BIM-Anwendung auf einer Common Data Environment (CDE). Was ist da aus Ihrer Sicht die größte Hürde für eine konsequente Umsetzung in der öffentlichen Verwaltung?

E: Die größte Hürde ist die Standardisierung und die damit verbundene Kompetenz. Es gibt zwar den Masterplan BIM des Bundes, aber in der Praxis liefert jeder Planer eine andere Datenqualität. Wir als öffentliche Verwaltung haben kaum die Ressourcen, um die Qualität hunderter Modelle im Detail zu prüfen. Wir müssten massiv Personal aufbauen und schulen, um die Rolle des „Informationsmanagers" überhaupt ausfüllen zu können. Zudem ist die Vergabe von BIM-Leistungen komplex. Wie bewerte ich die BIM-Kompetenz eines Planungsbüros objektiv und diskriminierungsfrei im Rahmen einer VgV-Ausschreibung? Die Technologie ist da, aber die prozessuale und personelle Einbettung in die Verwaltungsstrukturen ist eine Herkulesaufgabe, die Jahrzehnte dauern wird.

I: Und wie fügt sich da Modul E+ „Strategisches Vertragsmanagement" ein, das partnerschaftliche Elemente wie Bonus-Malus-Regelungen oder gemeinsame Risikopools vorschlägt?

E: Das ist für uns fast vollständig ausgeschlossen. Unser Vergaberecht zielt auf den Wettbewerb ab, um den wirtschaftlichsten Preis zu ermitteln. Ein Bonus wofür? Dass der Vertrag erfüllt wird? Das ist die Pflicht des Unternehmers. Ein Malus ist rechtlich schwerer durchzusetzen als eine klassische Vertragsstrafe oder ein Schadensersatzanspruch. Und ein „gemeinsamer Risikopool" ist juristisch und haushalterisch für uns nicht darstellbar. Das würde bedeuten, dass wir als öffentliche Hand für Fehler eines Unternehmens finanziell mithaften. Das ist politisch nicht zu verkaufen und rechtlich höchst bedenklich. Wir brauchen klare Verträge mit klarer Leistungsbeschreibung und klarem Preis. Alles andere öffnet der Willkür Tür und Tor und ist anfällig für Klagen unterlegener Bieter.

I: Abschließend zu den drei abgestuften CM-Modellen. CM-Light, eine optimierte Projektsteuerung ohne Ergebnisverantwortung. CM-Standard, mit Übernahme delegierbarer Bauherrenaufgaben und klar definierter Entscheidungsbefugnis, zum Beispiel für Nachträge bis 100.000 Euro. Und CM-Advanced, das volle Ergebnisverantwortung für Kosten und Termine übernimmt, also ein CM-at-Risk. Welches dieser Modelle sehen Sie für a) einen risikoaversen, öffentlichen Auftraggeber wie Sie und b) einen agilen, privaten Projektentwickler als passend an?

E: Für uns als öffentlichen Auftraggeber kommt realistischerweise nur das CM-Light-Modell infrage. Es bewegt sich innerhalb des AHO-Rahmens, den wir kennen und ausschreiben können. Es ist im Grunde eine bessere, modernere Projektsteuerung. Schon das CM-Standard-Modell ist für uns hochproblematisch. Die Delegation von Entscheidungen mit finanzieller Auswirkung ist ein massives haftungs- und haushaltsrechtliches Problem. Wenn ein externer CM einen Nachtrag über 100.000 Euro freigibt, wer trägt die Verantwortung, wenn der Rechnungshof das später beanstandet? Am Ende immer der Amtsleiter, also ich. Das CM-Advanced-Modell ist für uns als Regelmodell ausgeschlossen, da es dem Prinzip der Trennung von Planung und Ausführung und dem Wettbewerbsgrundsatz widerspricht. Für den agilen, privaten Entwickler hingegen ist das Advanced-Modell sicher das attraktivste. Er kauft sich damit Sicherheit und Expertise ein und gibt Verantwortung ab. Das kann er tun, er muss sich nur vor sich selbst rechtfertigen. Wir müssen uns vor der gesamten Öffentlichkeit rechtfertigen.

I: Herr Neumann, das war ein sehr erhellender und wichtiger Realitätscheck für mein Modell. Ich danke Ihnen vielmals für Ihre Zeit und Ihre sehr klaren Worte.

E: Gern geschehen. Man muss die Dinge so sehen, wie sie sind, nicht nur, wie sie sein sollten. Viel Erfolg für Ihre Arbeit.

FSC
www.fsc.org
MIX
Papier | Fördert gute Waldnutzung
FSC® C083411

Kolibri 360 GmbH
Ferdinand-Jühlke-Straße 7
99095 Erfurt, Deutschland
produktsicherheit@kolibri360.de